中央民族大学青年学者文库
China Minzhu University Young Scholars' Series

◎ 师英杰 / 著

# 人的创新能力的哲学研究

# Philosophical Research on Innovative Ability of Human Beings

中央民族大学出版社
China Minzu University Press

**图书在版编目（CIP）数据**

人的创新能力的哲学研究/师英杰著. —北京：中央民族大学出版社，2013.8

ISBN 978－7－5660－0457－4

Ⅰ.①人… Ⅱ.①师… Ⅲ.①创新能力—哲学—研究 Ⅳ.①G305

中国版本图书馆 CIP 数据核字（2013）第 143803 号

**人的创新能力的哲学研究**

作　　者　师英杰

责任编辑　戴佩丽

封面设计　布拉格

出 版 者　中央民族大学出版社

北京市海淀区中关村南大街 27 号　邮编：100081

电话：68472815（发行部）　传真:68932751（发行部）

68932218（总编室）　68932447（办公室）

发 行 者　全国各地新华书店

印 刷 厂　北京宏伟双华印刷有限公司

开　　本　880×1230（毫米）　1/32　印张：7.25

字　　数　190 千字

版　　次　2013 年 8 月第 1 版　2013 年 8 月第 1 次印刷

书　　号　ISBN 978－7－5660－0457－4

定　　价　23.00 元

# 总　序

中央民族大学是我们党为解决民族问题、培养少数民族干部和高级专门人才而创办的高等学府。建校六十多年来，中央民族大学认真贯彻党的教育方针和民族政策，坚持社会主义办学方向，坚持为少数民族和民族地区发展服务的办学宗旨，培养了成千上万的优秀人才，取得了许多具有开创性意义的科研成果，创建和发展了一批民族类的重点学科，走出了一条民族高等教育又好又快发展的成功之路。

今天，荟萃了56个民族英才的中央民族大学，学科门类齐全、民族学科特色突出，跻身于国家"211工程"和"985工程"重点建设大学的行列。中央民族大学已经成为我国民族工作的人才摇篮，民族问题研究的学术重镇，民族理论政策的创新基地，民族文化保护和传承的重要阵地。

教师是学校的核心和灵魂。办好中央民族大学，关键是要有一支高素质的教师队伍。为建设一支能够为实现几代民大人孜孜以求的建成国际知名的、高水平的研究型大学提供坚实支撑的教师队伍，2012年4月，学校做出决定，从"985工程"队伍建设专项经费中拨出专款，设立"中央民族大学青年学者文库"基金，持续、择优支持新近来校工作的博士、博士后出站人员以及新近取得博士学位或博士后出站资格的在职教职工出版高水平的博士学位论文和博士后出站报告。希望通过实施这一学术成果出版支持计划，不断打造学术精品，促进学术探究，助推中央民族大学年轻教师成长，形成长江后浪推前浪、一代更比一代强的教师队伍蓬勃壮大的良好局面。

青年教师正值学术的少年期。诚如梁启超先生脍炙人口的名言所祈愿：少年智则国智，少年富则国富，少年强则国强，少年独立则国独立，少年自由则国自由，少年进步则国进步，少年胜于欧洲，则国胜于欧洲，少年雄于地球，则国雄于地球。希望在各方面的共同努力下，在广大青年教师的积极参与下，《中央民族大学青年学者文库》能够展示出我校年青教师的学术实力，坚定青年教师的学术自信，激发青年教师的学术热忱，激励广大青年教师向更高远的学术目标攀登。唯有青年教师自强不息，中央民族大学的事业才能蒸蒸日上！

中央民族大学青年教师学术著作出版
编审委员会
2013 年 6 月 19 日

# 目　录

# 导　言

根据统计，“创新”一词在党的十八大报告中共出现了57次，足可见创新对现今中国的重要性。十八大报告中特意提到要坚持走中国特色自主创新道路，以全球视野谋划和推动创新，提高原始创新、集成创新和引进消化吸收再创新能力。创新驱动发展战略已摆在国家发展全局的核心位置。

一个创新型国家的崛起，与人的能力密切相关。人的能力尤其是人的创新能力（理论创新能力、方略创新能力、知识创新能力、技术创新能力、制度创新能力等）是创新型国家的主要支撑力、驱动力、导航力。《国家中长期科学和技术发展规划纲要（2006—2020）》中明确提出，要在2020年使我国进入创新型国家行列的目标，这个目标使人们对未来充满了希望和憧憬。围绕着人的创新能力的提高这个主题，来发现人类生命中的新规律、新“矿藏”、新潜能，是当代学术界必须认真思考的问题。

对人的创新能力的重视是历史的启示，具有历史必然性。从中西方对比来看，注重人的创新能力是反思中西方社会历史发展的经验教训得出的一个重要启示。从我国的发展现状与发展趋势来看，提高人的创新能力是当代中国发展的再生之路。从社会发展进程来看，社会已进入竞创时代，在这个时代，影响社会发展的力量总体上将转向人的创新能力。社会的发展与进步依赖人的创新能力的不断增强，重视人的创新能力，是人类进步的需要，是社会发展的需要，更是我国建设创新型国家的需要。可见，研究人的创新能力不仅具有重要的理论意义，还具有极强的现实意义。

当生产力在不断创新时，发展就具有了可持续的条件，而生产力的持续发展需要的正是具有创新能力的人，人的创新能力是信息化时代的最大生产力。但是，当前我国无论是在意识中还是在现实中，都还存在着许多制约人的创新能力发挥的因素。比如在意识层面，传统观念中对人的创新能力存在忽视以及偏颇认识，传统社会中人的主体性人格不足，创新意识难以形成，不重视人的创新能力的可持续发挥，不重视人与自然的和谐互补，等等。在实践环境方面，创新文化尚未成熟，应试教育成为对人的创新能力培养的阻碍，经济上创意经济发展缓慢，政治制度上还有一些不尽如人意的地方。

本书立足于在哲学视野中分析人的创新能力，因为不从根本上把握人的创新能力，就无法真正掌握人的创新能力的规律和运行原则，也就无法移除人的创新能力建设的障碍，从而不能很好地发展人的创新能力，这就要求我们首先从哲学层面上对人的创新能力进行剖析和探究。

对人的创新能力的哲学机理进行探知，需要从思维层面掌握是什么支撑了人的创新能力，应该站在何种角度来分析人的创新能力，人的创新能力的导源何在，人的创新能力的生成需要哪些方面的要素准备，人的创新能力发挥的配套环境和土壤是什么……这些问题清楚了，才能更好地指导实践，在实践中提高人的创新能力。我们需要在理论指导下，通过不断地磨砺、厚实的积累，提高自身和国家的创新能力，从而实现 2020 年建设创新型国家的战略目标。

对人的创新能力的研究在一些学科中早已展开，尤其是以创造学与创新学为代表。与其他学科不同，哲学着眼于整个人类的本质特性，从“类本性”入手，考察人的创新能力。本书运用逻辑分析与历史考察相一致、批判原则与建构原则相并用、自然属性与社会属性相互补、文本解读与现实关注相结合的方法，在哲学视野中分析了人的创新能力的概念界定与内涵，并分别在认识论、实践观、唯物史观以及方法论的框架中诠释了人的创新能力，进而探索了提升人的创新能力的实践路径。全书共由上、中、下三篇组成：

上篇是对人的创新能力的学理分析。其中，第一章分析了在哲学视野中研究人的创新能力的必要性。第二章是对人的创新能力思想的历史考察，主要从中国哲学、西方哲学与马克思对人的创新能力的相关论述三方面着手。虽然以往单纯地从哲学层面对人的创新能力进行的分析不算多，但还是有一些思想家、哲学家给出了直接或间接的诠释。在我国传统哲学中，“生”的哲学思想、朴素辩证法的原理对现代研究人的创新能力具有极强的启发意义；在西方哲学中，对人的主体性的确证，对创新及创造生成的阐述以及对思维方式创新的研究，对把握人的创新能力有许多可借鉴之处；马克思的学术之道本身就是人的创新能力作用的典范，马克思对创新问题、能力问题的论述以及他对待创新活动与自然的关系的态度，对现在研究并发挥人的创新能力仍具有很好的引导作用。

提及创新能力，一方面，发挥创新能力的主体具有多样性，另一方面，不少人将创新能力直接等同于科技领域内的创新技能。为了区别于一些先入为主的观念，第三章在前人的基础上，从哲学层面对人的创新能力进行了界定，包括人的创新能力的概念诠释、基本内容及典型特征。并且，第三章着重分析了探究人的创新能力的立足点。在哲学层面上研究人的创新能力，不仅要看到人的自然属性与社会属性，还要看到人的生态属性，人的生态属性是人对自然界规则的认知、遵守与仿效。立足于人的生态属性，发掘人的创新能力，既有利于使人的本质与人的生存环境达到内在统一，也有助于调节人的自然属性与社会属性的冲突。

中篇是本书的重点，分别从认识论、实践观、唯物史观以及方法论的角度对人的创新能力进行了诠释，以展示人的创新能力在不同视野中的不同状态。人的创新能力的形成和发挥首先要求创新认知的形成，而创新认知需要创新思维。创新思维是对习惯性思维的突破，利用创新思维才能产生创新性结果。另外，形成创新认知还需要有正确的认识路线，并依赖于更有效的认识工具。从实践角度来说，人在实践中的需要产生了创新的动力，人的创新能力的发挥是人的实践活动的本质体现，从实践的类别分析，人的创新能力根植于领先的实践活动，而且，实践也是检验创新成果的唯一标准。在唯物史观的视野中分析人的创新能力，我们能明晰人的创新能力在社会历史发展中的作用和影响，明确历史合力主导了人的创新能力的方向，并确认自由而全面的发展是人的创新能力的目标。同时，人的创新能力需要有相应的方法论作支撑，这就是人本化的哲学方法。人本化的哲学方法以“中介”为工具寻找创新点位，其全面探索、异同互补、辩证协同的创新思路顺应了时代的人本化需求。利用人本化的哲学方法，有助于进行多元整合，以使人们更好地适应这个多元化的社会。

下篇是对提升人的创新能力的实践路径的探索。鉴于文化的基础性作用，本篇首先论述了创新文化的问题，我们要通过促进创新文化的自主性、倡导宽容失败的风气、树立能力本位理念与加固创新主体的责任感来提高认知水平、构建创新氛围。其次，在政治、经济、教育方面也要进行相应的改善。政治方面的改善主要是培育人本型权力结构，为人的创新能力的发挥营造自由、宽松的环境。在经济方面我们要大力发展创意经济。同时，彻底改变应试模式，使用创新式的教育手段，为人的创新能力的萌生、培养和发扬创立有利的外部条件。

# 上篇　人的创新能力的基础学理分析

当我们在经验世界探寻事物发展规律和提升路径时，一定不能忘记了它的根本，即便是这个根本存在于超验世界之中，这是一个具有普适性的规律，任何事物都不例外，对人的创新能力的分析亦是如此。注重人的创新能力是大势所趋，具有历史必然性，而提升人的创新能力的根本在于对其哲学角度的分析，对人的创新能力进行哲学研究可以使我们站在“类”的立场上，依靠人的类本性把握人的创造性、超越性的本能和潜质，从而确定创造性是人的个性特征。也正是依据于人的“类本性”，我们可以断定：创新能力是人人皆有的潜能，只不过是表现的方式和程度不同，从这一点出发，更有利于我们找到提升人的创新能力的方式和有效途径，并最大范围地实现其效果。

# 第一章 哲学视野中分析人的创新能力的必要性

哲学必须以现实为根据，立足于时代，立足于当代社会的发展，才能获得持久的生命力并为现实问题的解决提供思路。一个国家的创新能力或实力是一个国家进行现代化建设的基础。可以说，创新力是一个国家经济与社会能够长久、永续发展的潜在的、根本的动因。一个国家是否能跻身于现代化强国的行列，取决于国家与民族的创新力，更根本地取决于作为国家和民族的组成主体的人的创新能力。在当今时代背景下，随着时间的推移、随着社会生产力的发展、随着科技的重要性增加，创新以及人的创新能力问题已经从原来的隐性角色变更为现今时代的一个显化课题，从时代问题出发，准确而全面地把握人的创新能力在哲学层面中的形态，有助于更好地提高当代人的生存境遇与发展命运，这也是当今哲学界的一个时代使命。

## 一、注重人的创新能力的历史必然性

创新的意义自古便被许多哲人和思想家所重视，《礼记·大学》就提出过“苟日新，日日新，又日新”的观点，指出一天比一天有新变化才不会停滞不前，才是发展的。实践中的问题只有在创新中才能得到发现，发展中的问题也只有在创新中才能得到解决。从历史纵向来看，没有创新，就没有人类的进步；没有创新，就没有社会的发展；没有创新，更没有文明的兴起。创新行为的实施需要人的创新能力作为支撑，从这个意义上说，人类的发展史在一定程度上就是一部人的创新能力发挥与增强的历史。

时代发展到今天，建设创新型国家已成为我国现代化建设的核心发展战略，我们要建设创新型国家，就不能不重视对人的创新能力的研究。实践创新能力的主体是人，只有作为主体的人具有创新能力，一个组织或者集体才会具备组织的创新能力，一个民族才会具有民族创新力，一个国家才会具有创新力。虽然对于众人组成的组织来讲，组织的结构和功能运作会影响一个组织的集体创新力的发挥，但是人的创新能力是其基本构成单位，是组织创新能力的基础。鉴于人的创新能力的基础性地位，我们需要从学术上重视对人的创新能力的研究。

人的创新能力不仅使人自身在不断地完善和进步，也在促导整个社会的发展和变化。无论是从反思中西方社会历史发展的经验教训、寻找当代中国发展的再生之路来看，还是从把握影响社会发展的主体力量来看，无不昭示着我们应该注重对人的创新能力的研究和开发。注重人的创新能力，这既是历史的启示、现实的需要，也是时代发展的要求。

（一）注重人的创新能力是反思中西方社会历史发展的经验教训得出的一个重要启示

无论是比较中西方的历史，还是对看中西方发展的现状，都可以发现人的创新能力的发挥和作用是影响社会发展、决定社会进步的一个重要因素。虽然近现代的中国与西方相比，在很多方面都处于较为落后的位置，尤其是在较易衡量的科学技术方面更有明显的差距，但根据人是生产力的主要因素来直接推断中国人缺乏创新意识或冲动，就不免武断了。客观地说，并不是我国没有蕴含创新思想的文化，只是有利于创新的理念在我国传统社会没有得到足够重视与广泛传播。

东汉政治家崔寔曾说道：“济时救世之术，岂必体尧蹈舜，然后乃治哉?”（《政论》）说的就是再高明的治国之道，也不能一成不变，必须不断创新。回顾历史，就会发现中国人并不缺乏创新能力，中国有许多影响世界的创新举动。尤其在春秋战国时期以及五四运动时期，杰出人物层出不穷，各种脱离旧思路、开辟新天地的举动屡见不鲜。春秋战国时期，文学、思想、政治、军事、技术、医疗等方面都有卓越建树；五四时期，新文化运动和传统文化产生了激烈的碰撞，各种思潮的争论使理论界呈现出百家争鸣的状态，涌现出来的优秀人才数不胜数，所带来的变革影响至今。

但是，以上列举的一切并不能掩饰中国创新乏力的整体状况。其主要原因在于，中国有着漫长的封建宗法专制的历史。在我国传统社会，人只是宗法体制中的一个依附分子，人们主体性人格不足而依附性人格有余。我国的传统理念重集体轻个体，缺乏对集体中“人”的尊重，对人的要求更多的是循规蹈矩、贯彻执行，而不是勇于创新、独立决策。与此同时，少部分人却能拍板确定所有人的下一步安排。人不是具备独立个性的人，即便对于具有统治权的少数人来说也是如此，相对大多数人而言，二者只是依赖群体性的表现方式有所差异，究其本质并无差别。可见，我国的传统社会是一种权力社会，其政治体制是“官本位”的运作方式，即权力至上、自上而下、逐级管制。这种传统的权力运作方式在生产力低下、需要聚合大众力量完成特定事务的情况下能够发挥较为积极的作用，但随之而来的缺陷也显而易见，即权力集中、制衡乏力、官高民贱、官官相护。长此以往，人们思想被禁锢，奴性逐渐形成。奴性不仅带来了个体能动性的泯灭，还导致了民族自信心与自尊心的丧失。“我国民不自树立，柔媚无骨，惟奉一庇人宇下之主义。暴君污吏之压制也服从之，他族异种之羁轭也亦服从之。但得一人之母我，则不惜为之子；但得一人之主我，则不惮为之奴……品格之污下贱辱，至此极矣。"[①] 在这种环境中，人很难发挥其主观能动性，不利于创新意识的生成，更不利于人的创新能力的展现。

在我国传统的文化氛围方面，汉武帝时期实行的"罢黜百家，独尊儒术"的政策，因为属于皇权行为而得到彻底的推行，从此，儒家学说成为中国社会的主流思想。儒家的礼教规范无疑为皇帝治理国家提供了一个严密而规范的体系。这个体系等级控制森严，它将人们牢牢地框定在一个既定的位置，人们所能做的乃是体系框架允许做的，任何一个位置的稍微"出格"都会被周边的力量重新拉回原地。在这个体系中，人成为具有群体性格的个人，不被允许出现不合规范的思想、行为，缺乏自我意识和自我独立性，个性得不到张扬，创新能力难以发挥。纵观我国历史可以发现，当社会趋于稳定、儒家文化占据主导地位之时，社会的变革却趋于停滞，创新活动处于被压制状态。

从经济发展环境来看，我国长时间处在自然经济阶段，人们具有的经济理念是自产自足的小农经济，而政府采取的是"重农抑商"的方针。这种经济理念和方针不仅使我国经济长期得不到快速发展，而且也让人们的思想处在因循守旧的状态，只想自给自足，创新的意识和冲动很少产生。经济基础不改变，上层建筑便很难发生本质性的转变。所以，我国历史上的朝代更替，究其性质，是造反而不是革命，新朝代的建立并不意味着一个新时代的崛起，人们还是在墨守成规、效法古制，创新迟迟得不到蓬勃展开。

开发人的创新能力，对于个人来说，需要使人具有创新意

① 梁启超：《论中国国民之性格》，《梁启超全集》第二册，北京出版社，1999年版，第1078页。

识；对于社会而言，则需要提供一个宽松的环境。我国与西方在科学技术方面差距在明朝时期尚不明显，也就是说，西方社会确立领先优势的时间并不长，但西方在短短数百年间却确立了领先地位。它凭借的是什么因素呢？具有创新精神与创新环境以及实际中的创新能力是其关键原因。

在文化思想层面，西方社会以宗教力量控制人的思维的局面在16世纪得到全面改观，人开始摆脱传统权威的控制。虽然神学本身存在对人性的提升与超越方面的优势，但在长期渗透的过程中，神学却逐渐成为人的力量发挥的桎梏。西方社会对宗教的挑战在解放人性、开发自我等方面起到了重要作用。西方哲学的发展与演进还原了人是具有独立个性的生命这一本质特点，标志着人类自我的复苏。尤其是文艺复兴运动，把个人的地位、尊严和价值提到了空前的高度，开辟了人道主义的先河。西方工业文明起飞的原因可以举出许多，但其最核心的还是文艺复兴运动高扬了人的创新精神。[①] 文艺复兴发现了人、解放了人，从而解放了人的创新意识与创新能力。从此，西方社会不仅出现了文化上的繁荣，也由此引发了政治上的变迁与科技上的革命。

在西方社会的政治层面，自17世纪开始，资产阶级革命陆续爆发，无论是英国较为温和的方式还是法国直接将国王送上断头台的血腥革命方式，都成功地摧毁了封建专制统治，使资产阶级统治在西方世界确立，为解放生产力与发展生产力清除了封建主义的障碍，也使封建专制下的人身依附关系得到削弱。其实，从14世纪、15世纪开始，奴隶制、封建制统治下的资本主义因素就在封建母体中孕育而生，新兴的资本家在拥有更多财富的基础上，要求参与政治，这便与封建皇权发生了根本冲突，封建制

① 高春梅：《创造力开发——决胜未来的选择》，中国社会科学出版社，2001年版，第174页。

的皇权为保持其政治统治，对资本家进行严厉的打压，这种对垒的局面最终导致了资产阶级革命的爆发。资产阶级革命为资本主义的发展开辟了道路，也为创新活动的开展提供了经济机制方面的保障，从此，人类进入一个新的时代，英国的资产阶级革命也因此被许多人看做世界近代史的开端。

在技术层面，以瓦特发明蒸汽机作为标志，西方社会的工业革命拉开了帷幕。科学技术的迅猛发展，极大地提升了生产力水平，将人们从繁重辛苦的劳作中解放出来。而且，西方尊重和用法律保护个人发明权利的做法，为人们的发明创造提供了保障与源源不断的动力，西方社会在综合实力方面的进步与此紧密相关。

上述各层面持续而有力度的创新活动，使得西方社会在近现代呈现加速发展的状态，也成为近百年来中国积极向西方学习的原因。当今世界的竞争，是人才的竞争，归根到底是国民素质与人的创新能力的竞争。目前，我国的国家竞争力与西方发达国家还存在较大差距，发展如逆水行舟、不进则退，所以，我国必须在最短的时间内完成国民创新能力的提高和培养，以迎接全球化的挑战。

（二）提升人的创新能力对国家实力的影响

提升人的创新能力对国家实力的影响可以从两个方面进行分析：国家的硬实力和国家的软实力。从硬实力上看，国家是由一个个的主体组成的，提升人的创新能力可以带来国家硬实力的提高。商鞅变法之前的秦朝在社会经济的发展方面是落后于关东各大国的，商鞅变法的时期诸国也都进行了一些变法行动，例如魏国的李悝变法、楚国的吴起变法，等等，但是都没有商鞅变法更彻底，也就更成功。商鞅采取了全方位的措施来解决当时的社会问题，例如政治上采用了制定二十级爵，实行县制，实行什伍制度；经济上采用除“废井田，开阡陌”，措施的广度、力度以及先进性都远超于其他各国，适应了当时生产力的发展，为秦国国家实力的增长打下了基础，也为以后的统一六国打下了良好的基础。从这个角度考虑，我们也可以看到人的创新能力越大，创新的效果及释放性也就越好，随之带来的经济实力和国家整体实力的增强越明显！

站在世界范围环看和回顾整个人类的文明发展史，可以看到，社会的每一次巨大进步与重大的历史跨越都是与创新紧密相连的，没有科学技术上的创新浪潮，就没有三次劳动工具的重大变革，也没有工业革命的发生。17 世纪时，牛顿建立经典力学，从 18 世纪 70 年代开始，以瓦特发明蒸汽机为标志，英国等国家依靠蒸汽机、纺织机、抽水机、轮船、火车和大量技术创新，实现了第一次科技革命，并通过这次科技革命完成了产业革命，使资本主义生产迅速过渡到机器大生产，为资本主义生产方式的建立奠定了物质基础，英国也一举成为第一个现代工业化的强国。19 世纪末 20 世纪初，以电力的发明为主要标志，人类开始了第二次科技革命，这是对能源技术的一次重大革新，大大加速了各国工业化的进程，美国等国家依靠机电学等科学理论在电话、电灯、内燃机以及后来的汽车、飞机、电脑、网络等大量的技术创新，成为现代世界强国。第三次科技革命出现于 20 世纪 50 年代，它以原子能、电子计算机、空间技术和生物工程的发明和应用为主要标志，涉及信息技术、新能源技术、新材料技术、生物技术、空间技术和海洋技术等诸多领域，这次科技革命使人类社会生活和人的现代化向更高境界发展，并巩固了美国作为超级大国的地位。而反观我们国家，虽然在数千年的时间里，我国的技术水平是位居世界前列的，国家实力在世界一直属于强国之列，但在明清之后，科技创新便大大落后于西方，这也使得我国在清朝末期沦为一个饱受西方列强欺凌的弱国。在现代社会中，科技创新已成为推动经济和社会发展的强大杠杆，科学技术的创新不仅是社会生产及经济发展的主要推动力和增长点所在，是现代生产力系统中各实体性要素变革的主要推动力，也是社会经济关系变革的重要推动力，科技创新对社会进步的推动作用不仅是历史性的，也是全方位的，对人们的生产方式、生活方式和思维方式都产生了重要影响。可见，创新是国力的精髓所在，是国家实力增长的源泉。

创新对国家硬实力的影响可见一斑，对软实力的影响也不容小觑。胡锦涛同志在十七大报告中提出“文化软实力”这一概念，并强调：“当今时代，文化越来越成为民族凝聚力和创造力的重要源泉、越来越成为综合国力竞争的重要因素”，“要坚持社会主义先进文化前进方向，兴起社会主义文化建设新高潮，激发全民族文化创造活力，提高国家文化软实力。”① 从当今的国际形势来看，由于软实力更能让其他国家和民族接受和折服，在国际竞争中，硬实力的地位有所下降，软实力的地位在逐渐上升。尤其是在冷战结束后，软实力竞争比硬实力竞争更经济更保险且更具成效。其中文化这一要素借助于发达的科技条件，其影响力大幅度增加，已经成为综合国力的一个重要组成部分。文化是构成一国软实力的重要来源，在软实力的构成中，文化是很重要的因素，甚至可以说是决定性的因素。软实力作为一种吸引力，其意指的就是“通过文化和意识形态的魅力吸引对方的能力”②，“这种无形的权力资源包括文化、意识形态和社会制度等方面。”“这种权力往往来自于诸如文化和意识形态吸引力、国际机制中的规则和制度等资源要素。”③

---

① 新华网：www. xinhuanet. com，2007—10—20。

② Joseph S. Nye，Redefiningthe National Interest，Foreign Affairs，July/August，1999，p. 24.

③ Joseph S. Nye，Soft Power ，Foreign Affairs ，Fall 1990，p，167 - 168.

创新是文化富有生机与活力的不竭动力，没有创新的文化是凝固的文化、僵死的文化，不创新，文化难以延续传承，更难以繁荣发展，中华文化之所以绵延五千年而不衰，就是自身有一种吐故纳新的能力，有一种求变图强的精神。在我国历史上，赵武灵王正式通过文化习俗的创新带动了国家实力的变化。赵武灵王本名赵雍，他15岁继位，在位期间，为了改变小国弱势，赵国在战国七雄中开军事变革潮流之先，他主张学习胡人的长处，实行易服、改兵制、创新战术的全面军事革新，经过短短十几年，便使赵国由一个小小中山国都敢侵犯的弱邦崛起为唯一能够同秦相抗衡的强国，也使得中国古代战争的样式有了根本性的变化。梁启超甚至把这位堪比俄国彼得大帝的赵武灵王盛赞为“黄帝之后第一伟人”，“七雄中实行军国主义者，惟秦与赵……商鞅者，秦之俾斯麦；而武灵王者，赵之大彼得也。”培育和促进文化的创新性，提升人的创新能力，不仅是建构文化软实力的必然要求，也是创新时代的内在要求，只有努力营造文化的创新性内涵，才能从本质上促进社会的快速、健康发展。

文化产业作为文化软实力的物态表现形式，是产业形态的文化，文化产业一方面是文化软实力将影响力落到实处，深入人心的途径，另一方面也是文化软实力提高的道路。文化产业不仅是一国经济实力的象征，而且也标志着国民文化精神需求的满足水平，是文化形态与经济形态的结合体。发展文化产业，拓展创意经济，既能增强文化软实力，也符合创新型国家建设的要求。

从现今的国际竞争来看，文化产业在现今时代得到了各个国家的重视，尤其是文化创意产业的发展，这是与人的创新能力息息相关的产业。电影、图书、音乐、游戏、旅游等产品的开发与宣传成为重中之重，例如，美国好莱坞的电影、日本的动漫、韩国的电视剧，等等，不仅给所属国带来了巨大的经济效益，也使一国的价值观与理念等传到其他国家，成功地塑造了良好的国家形象，渗透效果显著。文化产业的发展，文化竞争力的提高，不仅会拉动国内的消费，而且会带来国际贸易的繁荣，尤其是在经济危机时，文化产业的作用就愈加明显了。韩国在1997年金融危机期间，对于外向型经济带来的国民经济脆弱问题进行了深刻反思，致力于发掘新的经济增长点，文化产业被确定为21世纪国家经济的支柱产业，由政府主导并全力支持。1999年至2001年间，韩国先后制定了《文化产业发展5年计划》、《文化产业前景21》和《文化产业发展推进计划》，明确了文化产业发展战略和中长期发展计划，推出一系列重大举措，有力地推动了文化特别是文化产业的发展，韩流席卷了整个亚洲乃至全世界。至2007年，韩文化产业产值约为650亿美元，连续5年年均增长达到9%以上，文化产业占GDP的比重近7%；韩文化产品出口达100亿美元，占世界文化市场5%的份额，为世界第五大文化创意产业强国。

面对我国是传统文化资源大国这一独特优势，发挥人的创新能力，将资源优势转化对产业优势和实力优势，迫在眉睫。旧事物既有值得发扬的优点，也有需要抛弃的缺点，更有在一定时期下非优非缺的特点。因此，新旧事物之间并非是简单的断裂式交替关系，而是一种集扬、弃、传三者于一体的承接关系。我们既不能完全脱离旧事物奠定的基础，也不能因为旧事物而束缚新事物的发展，应该对旧事物进行有选择地传承与扬弃，通过常增新来实现辟新续旧，在充分利用已有资源的同时，不断开拓新的发展动力。新形势带来了新机遇，也带来了新难题。我国对传统文化资源的开发利用还远远不够，文化资源没有成为文化产业，虽然有丰富的文化资源，但是在世界上的影响力不大，还是一种弱势文化。

总而言之，对于目前的中国来说，文化创新显得更为迫切。我国拥有丰富的文化资源和深厚的文化遗产，这是我们文化创新的基础，也是我们建构中国文化软实力的坚实后盾，但是这些遗产和资源也有可能成为文化创新的包袱，毕竟我们的传统文化精神中的创新因子不是社会的主流意识。我们应认清全球化的形势，在现代化的氛围中，加速文化的创新进度，从而增强文化的认同性。

（三）当代中国发展的再生之路是提高人的创新能力

纵观我国现实，自从改革开放以来，我国取得了现代化建设的巨大成就，综合国力和国际竞争力不断增强，人民生活不断改善。但是，我国存在发展起点低、起步晚、人口规模巨大、劳动者素质有待提高、经济的不平衡性大、经济发展与环境保护之间的矛盾日益突出等问题，这些问题不解决，会严重制约我国现代化建设的步伐。2003 年党的十六届三中全会审议通过了《中共中央关于完善社会主义市场经济体制若干问题的决定》，提出要建立以人为本、全面、协调、可持续的发展观。这一新发展观的提出突出了发展的科学性、统筹性、整体性、协调性和永续性，为我国当代发展的再生之路提供了根本指导思想。以人为本是科学发展观的核心，是发展的途径，也是发展的目标。以人为本，体现在国家发展战略上，关键是以人的创新能力为本，这是对人的创造性、创新能力的高度重视。落实科学发展观，提高人的创新能力是关键环节。

总的来看，十六届三中全会召开以前，我国在经济建设方面，以单纯经济增长为主要目标，以“物”的要素为主要增长手段。这种经济发展模式，不仅耗费了大量的自然资源，造成了环境的污染，而且造成了人力的极大浪费与技术上对国外的过分依赖，不利于我国的永续发展。从哲学上看，这实质上是注重物质驱动的经济发展模式。[①] 必须改变这种经济发展模式，才能做到可持续发展。经济发展方式改变的方向便是从资源依赖型、对外依赖型向创新驱动型转变，即从以开发自然资源为中心走向以开发人的创新能力为中心来提高综合国力，将人的创新能力作为经济社会发展的动力源，通过开发人力资源、注重人力资本投资和培育人的创新能力，实现从人口大国向人才大国转变，促进国民经济又好又快地发展。

提高人的创新能力是立足我国现实国情的必然要求。创造工程创始人美国学者奥斯本说："国家的最高经济利益，将主要取决于我们同胞的创造才智，而不取决于我们的自然资源。"[②] 这个道理不仅适用于美国。我国作为世界上人口最多的国家，人口资源相对丰富，但是自然资源、技术资源都处于贫瘠状态。国家有关部门对45种主要矿产资源可供性组织进行论证的结果表明，到2020年，国内可开采储量能保证需求的有煤、天然气、稀土等14种，可保证需求70%以上的有硫，可保证需求40%—70%的有石油、铁、锰、铅、铝、镍、锑等9种，仅能保证需求40%以下的有铬、铜、锌等4种。[③] 尤其是在未来20—30年中，伴随着我国经济的高速发展与人口的增长，水土资源、关键矿产资源会走向全面紧缺，我国将面临资源最短缺的时期。提高人的创新能力，人口负担便可能转化为人口优势，自然资源短缺的情况将得到缓解；如果创新能力得不到提高，人口众多就是现实中沉重的包袱，自然资源短缺的情况将进一步恶化。我国要在基础

---

① 韩庆祥：《自主创新能力与国家发展战略》，《中国党政干部论坛》，2008年第5期。

② 转引自高春梅：《创造力开发——决胜未来的选择》，中国社会科学出版社，2001年版，第91—92页。

③ 杨秋宝：《加快转变经济发展方式：现实要求与多维视角》，《中共云南省委党校学报》，2008年第5期。

不太好的情况下跃进、崛起，不能依赖死资源、多人口，而应依赖国民的创新能力。有了创新能力，死资源、多人力就可以发挥出最优价值；没有创新能力，资源会越用越少，人力也会被粗放地使用。

目前，我国的环境恶化情况非常严重，生态环境和经济发展之间的矛盾十分突出。在全国七大水系（长江、珠江、松花江、淮河、黄河、辽河、海河）的监测断面中，Ⅳ—Ⅴ类和劣Ⅴ类水质接近60%。据估计，全国每年因环境污染造成的损失达人民币2800多亿元，其中，仅水污染一项造成的损失就约500亿元。美国在工业发展的前期，环境污染问题也十分严重，美国政府数年来共投入300多亿美元，才使污染物的排放量减少了50%到60%。前车之鉴，后车之师，先污染、再治理的发展方式代价巨大，应在发展过程中解决环境污染问题，处理好发展与代价的关系，不殃及子孙后代。这就需要开发人的创新能力，以减少对资源的过度开采和对环境的过度开发，从而缓解生态环境恶化的趋势，实现统筹人与自然的和谐发展。

从市场经济的要求来说，提高人的创新能力是大力发展市场经济的关键。市场经济消除了计划经济对个人的主体性与独立性的限制，内在要求每个人发挥自己的最大能力和潜能以在竞争中取胜，促使人成为经济活动中的主体。从我国改革开放30多年的历程来看，体制创新为个人的创新提供了空间，包产到户的政策使农民焕发了劳动的热情，最重要的是市场经济的普遍实施为个人能动性的发挥提供了广阔舞台，人们创新意识的迸发和创新能力的增强使这30多年来的变化举世瞩目。发展市场经济从根本上要求树立能力为本的理念，开发人力资源，积极发挥人的创新能力。市场经济本底上属于竞争经济，能力成为人们在竞争中获利、分配的标尺。倡导人的创新能力的发挥有利于实现市场经济的本质要求，并营造一个公平竞争、良性循环的经济链条，使社会竞争有序、充满生机。

但是，目前我国在人的创新能力方面，现状不容乐观，整体创新能力不足，复合型人才短缺，知识创新和技术创新的效率不高，我国高新技术出口额占世界总量的5.0%，科技进步对经济发展的贡献率在40%左右，与发达国家的60%—80%有明显差距，我国科研成果的专利贡献率不足世界总数的3%，在这个方面日本的比重达40%以上。[①] 尤其是近年来，中国创新能力与国际先进水平的差距还有拉大的迹象，人的创新能力的现状在很大程度上已制约了我国的发展，成为我国现代化建设的瓶颈因素。

面对人的创新能力不足的严峻形势，我国必须加快提高人的创新能力，吐故纳新、力变图强，发挥本民族的力量、吸纳多方面发展成果，在各个领域展开创新活动。正如江泽民同志指出的那样："进一步弘扬我们民族的伟大创新精神，加快建立当代中国的科技创新体系，全面增强我们的创新能力。这对于实现我国跨世纪发展的宏伟目标，实现中华民族的复兴，是至关重要的。"[②]

（四）竞创时代，影响社会发展的力量总体上将转向人的创新能力

自然界和人类社会无时无刻不在变化中。庄子指出："物之生也，若骤若驰，无动而不变，无时而不移。"（《庄子·秋水》）又说："万物化作，萌区有状，盛衰之杀，变化之流也。"（《庄子·天道》）人类社会经过漫长的演进和变化，从茹毛饮血到饮食文化、从被动性聚集到主动性组织，其中的变化历程充分说明影响社会发展方向的力量正逐步转向人的创新能力。

---

① 胡鞍钢：《中国：新发展观》，浙江人民出版社，2004年版，第168—170页。

② 江泽民：《论科学技术》，中央文献出版社，2001年版，第107页。

站在历史发展的纵向角度可以看到，在原始社会、奴隶社会以及其他生产力低下的社会，生产资料匮乏、资源的有限性及稀缺性决定了人们的奋斗目标难以超越生存这一较低层面，人为了生存进行劳动，被动性是此时期劳动的主要特点。被动劳动时期，人们能力的发挥不是影响社会发展的力量，社会的主体力量是其他要素，例如血统、权力、资本或金钱等，人只是它们的附属品。但是，随着社会的进步、生产力的提高、物质资料的丰富和积累，人的主体性在确立，独立性在提高，权力、资本逐渐成为为人服务的工具而不是异化人的手段，人们不再是被动劳动而是主动劳动，人自身的力量开始逐渐成为社会的主体力量。

从 20 世纪 60 年代以来，由于信息技术、生物技术、自动化技术等的发展……运用科学技术所创造的经济价值在国民经济中的比例越来越大……智力资本正在逐步替代自然资源而成为一种特殊的实现经济腾飞的“新能源”和“原材料”……知识经济时代的经济发展动力主要是高新科技，是不断地创造与创新。[①] 知识经济是以知识和信息为基础的新型经济，知识和创造力取代了自然资源和资本成为决定竞争结果的首要因素。马克思早已预见到，“物质生产力和精神生产力的发展是相互作用的”，随着生产力的不断向前发展，“一般社会知识，已经在多大程度上变成直接的生产力，从而社会生活过程的条件本身在多大程度上受到智力的控制并按照这种智力得到改造。它表明，社会生产力已经在多大程度上，不仅以知识的形式，而且是作为社会实践的直接器官，作为实际生产过程的直接器官被生产出来。”[②] 知识经

① 高春梅：《创造力开发——决胜未来的选择》，中国社会科学出版社，2001 年版，第 78 页。

② 《马克思恩格斯全集》第 46 卷（下），人民出版社，1980 年版，第 219—220 页。

济将人类在社会实践中由智力劳动创造的成果即知识作为生产力的关键要素，依靠的就是人的创新能力。人的创新能力是其他能力的基础，具有创新能力，其他各方面的能力便能够从无到有、从少到多，没有创新能力，其他方面的能力很难得到质的提高。在知识经济时代，无论是对于个人还是集体，人的创新能力开发都具有特殊的重要意义与价值，人的创新能力成为最能体现人的价值的一种能力。各种迹象表明，知识经济时代的竞争，无论是国与国、企与企，还是人与人，只要是角逐、竞争，归根结底，都是人的创新能力的竞争。创新是成功的命脉，创新能力低下的民族，难免成为国际竞争中的陪衬。各国的软实力竞争与硬实力竞争都离不开一个“创”字，竞创概念，导源于此。

竞创时代，人的创新能力逐渐成为主导经济运行、社会发展的核心力量。在劳力经济时代即农业经济时代，自然资源尤其是土地是第一资源；在资源经济时代即工业经济时代，资本成为主导力量；而在这个竞创的知识经济时代，人突破了物质条件的束缚成为一个独立的要素，人本身已经成为经济发展和社会运行的主导力量。一个国家的人们如果缺乏强大的创新能力，那么，无论具备多么完善的制度、引进多么先进的技术，最终也发挥不出原本的价值，只会成为僵硬的硬件摆设而已。在工业经济时代，引进和消化先进技术还可以让自身发展，但是在竞创的知识经济时代，知识和技术革新日新月异，只有创新才可能跟上时代前进的步伐。人的创新能力带来的科学进步和技术创新成为一个国家国际竞争力强大的主要来源。在以信息技术为标志的第三次产业革命中，美国GDP的1/3以上来自信息技术为中心的高科技产业，美国在此次技术创新中的领先地位，成为美国经济增长的动力源泉。[①] 竞创时代，技术进步、文化发展取决于人才，具备创

① 辛江：《美国经济增长中的技术进步效应》，《价格月刊》，2005年第1期。

新能力的人才及人的创新能力直接决定着国家的前途与民族的命运。

从世界各国的状况来看，西方发达国家早已认识到人的创新能力对于新时代的重要意义，都十分重视对人的创新能力的开发和培养，纷纷建立国家创新体系，在鼓励创新、培育创新人才方面投入了大量的人力、物力和资金。据统计，美国从1909年到1949年的40年间，按人口计算，每人的产量增加了90%，都是来自于创造发明。从1930年到1965年的35年间，经济界人数增加5成，而科技界人数增加了5倍。[①] 这个结果的取得与美国政府加大对人的创新能力的培育是分不开的。美国政府一方面对教育体制进行改革，使创新教育进入所有学校和专业，大力发展高等教育和职业教育，开办创造能力开发训练班，建立创造力开发专职机构；另一方面，美国政府出台了许多有利于创新人才成长与创新成果涌现的政策，不仅注重对本国国民的创新能力开发，也注重在全世界范围内对创新人才的引进。日本也非常注重培养和保护国民的创新意识，注重对国民的创新能力开发。20世纪80年代初，日本就提出“创造性技术立国”的战略方针，并将对学生创造力的培养作为日本通向21世纪的教育目标，建立了全社会参与的创造能力开发体系，并由此创造了经济发展的“日本奇迹”。2008年，欧盟委员会于12月5日在布鲁塞尔正式启动了以“想象、发明与创新”为主题的“2009欧盟发明创新年”宣传活动。该活动的宗旨是推进欧盟各领域的发明与创新，使欧盟能够更好地应对全球化带来的诸多挑战。欧盟委员会负责教育、培训、文化事务的委员扬·菲格尔表示，“发明与创新是人类的两大长处，是我们每个人都拥有的天赋。‘欧盟发明创新

① 高春梅：《创造力开发——决胜未来的抉择》，中国社会科学出版社，2001年版，第17页。

年’活动的举办正是为了鼓励更多的人去从事发明创造，为欧洲打造更美好的未来”。[①]

提高人的创新能力是我国顺应知识经济的发展，在全球竞争中取胜的关键。竞创时代，谋发展特别是可持续发展，就必须重视创新、加强对人的创新能力的培育，能不能培养创新人才、发掘创新潜质，是任何一个组织或者国家在制定发展战略时都必须考虑的要素。人民是国家的主体，培养创新型人才是建设创新型国家的起点，建设创新型国家，必须在人民中培育大批富有创新精神并具有创新能力的人才，这样才能掌握创新的自主权、主动权。

## 二、对人的创新能力进行哲学研究的必要性

在一般人的眼里，人的创新能力只有在实践的框架下去谈才具有行之有效的价值。实际上，任何一种具有开拓价值的举动，如果没有正确的理论指导，那么，实践的结果是否具有价值性是很难预料的。所以，我们必须在理论上对人的创新能力进行分析。

提及对人的创新能力进行哲学研究的必要性，可首先从哲学研究的必要性谈起。哲学是一个很难做出明确定义的学科，哲学曾经一度被认为是“科学的科学”，原因在于哲学能够影响人的思维方式与思维框架，从而影响科学的发展模式与布局。哲学的价值不在于对既有事物知识量的占有程度，它的价值在于对人思维方式的调整与完善。一个人之所以差异于另一个人，不是权势、地位、金钱等具有明显外在性衡量标志的东西，而在于人的思想，只有在思想引导的前提下，人才可能不断地提升自我、超

① 中国创新方法网：http：//www. innovationmethod. org. cn。

越现有生活，从而进入更高的生存境界。所以，人们需要哲学，也深受哲学的影响。

人具有自为本性，不甘心仅仅适应现有生存环境，具有改变现有条件、创造更高生存方式的内在冲动，哲学为人类这种自我意识的觉醒、提升提供了可供参照的指向标。哲学在某种意义上，可以看作是人类在行动前的思想演习场。人利用理论作为根据，并参照各类人、事、物的原始本性，去完成预先的探索，而不必像其他动物那样将生命作为探索的工具，以致于在现实中付出惨重的代价。人类的创新性之所以不会最终变为盲动性、毁灭性，根本原因也在于此。

（一）各学科对人的创新能力的研究现状

可以从多学科、多角度研究人的创新能力。目前，研究人的创新能力的代表性学科是创造学，创造学是一门研究人类创造发明活动并探索其规律的科学。1941 年，美国 BBDO 广告公司经理奥斯本出版了著名的《思考的方法》一书，标志着创造学开始形成系统的科学体系，并作为一门独立学科正式诞生。目前，创造学已经发展并衍生许多分支领域，大体可归纳为三类：（1）创造科学，研究创造活动，揭示创造活动和创造过程的客观规律；（2）创造性科学，研究人的创造性，开发人的创造性，培养、造就创造性人才；（3）创造工程，研究各种有效地创造发明方法，促进创造发明效率的提高，它是创造学最富于应用性的一个领域。此外，还出现了与其它科学交叉的边缘分支，如创造心理学、创造认知学、创造教育学、创造性开发学等等。随着创造学研究的深入，“人人都有创造力”这种观点开始普及，从而打破了以往创造力只属于天才的观念。

美国当代著名的心理学家西尔瓦诺·阿瑞提曾对创造性的过程进行过综合研究，他把创造性过程描述为一个不可思议的综合物，是一个人无意识思维的、原始的、无理性的方面与其有意识思维的、逻辑的、有理性的认知方面的一个综合体。阿瑞提认为，“创造力的根源正是在于人的本质。这种本质可以用复杂的神经具有无限组合的能力来给予解释。”① 创新学对人的创新能力也有涉及。创新学属于刚刚兴起的学科，目前其研究还处于起步阶段，成果较少，没有系统的理论体系。创新学主要是通过创新现象，来揭示创新的规律和机制。其实，创造学和创新学的界限不是特别明晰，许多方面有交叉和重合的现象。它们基于的原理主要有两条：一是创新的能力是人人皆有的潜在的素质；二是这种能力可以通过科学的训练和教育转化为显性，并不断提高。它们的不同主要在于，创造学强调创造心理的揭示，创造技法的提高，创新学则强调创造成果的价值追求，强调当前时代背景下创新的重要地位和作用。②

总的来讲，国外对创造学与创新学的研究处于领先地位，创造学于20世纪30、40年代在美国形成，60、70年代在全球范围内得到传播。1985年，美国心理学家吉尔福特的《创造性才能——它们的性质、用途与培养》出版，20世纪20年代，日本教育家千叶命古的《创造教育的理论与实践》出版，1979年，前苏联发明家阿里特舒列尔的《创造与一门精密的科学》出版，这些都是对世界产生影响的著作。我国在20世纪80、90年代才开始关注创造学、创新学，至今也取得了一些成果。在创造学方面，罗玲玲的《创造力理论与科技创造力》、高春梅的《创造力开发——决胜未来的选择》、余达淦编著的《创造学与创造性思维》等都对创造学以及创造力进行了比较系统的分析。在创新学方面，路甬祥的专著《创新与未来—面向知识经济时代的国

① ［美］西尔瓦诺·阿瑞提：《创造的秘密》，钱岗南译，辽宁人民出版社，1987年版，第531页。

② 殷石龙：《创新学引论》，湖南人民出版社，2002年版，第21页。

家创新体系》、殷石龙的专著《创新学引论》，刘培育的专著《创新思维导论》等是比较有代表性的著作。

从上述分析中也可以看出，无论是创造学还是创新学，多是以心理学为基础且囊括多个学科的综合学科。在创造学、创新学中，人们探求人的创新能力从个体或某个群体入手，分析不同人格、不同类别的人的创新能力，研究的是人的心理与生理，尤其是人脑这个复杂的系统。换言之，创造学家（创新学家）或心理学家探讨的问题，是创造性（创新性）人格的问题，人物的基因、大脑、人格、价值观等被列为影响创造力与创新力的重要因素。另外，当代创造学或创新学，有“方法中心”的倾向，重定量而不是定性研究。这种方法在一定程度上体现了科学的精确性与缜密性，但难免忽略了创造乃为人之创造以及应从整体人的人格发展来看创造等重要特征，[①] 而且其取样人群也多集中在了本身从事创造与创新的行业中，带有阶层认识倾向，不利于其成果的广泛应用。

（二）从哲学角度研究人的创新能力的独特意义

从哲学与其他学科的关系来看，哲学对其他各个学科具有统领性，比如哲学上的实在论会导出科学上的绝对时空观；而当哲学思想转变为实证论的时候，科学观就会转变成相对时空观。哲学曾被古希腊哲学家称为“最高智慧”，它具备将人引导至更高境界的天性，可以使超越、创新思考至极致。只有在哲学的指引下，人才能突破现有各种客观的限制或者人为的禁锢，爆发出最为原始和本真的巨大力量。对理论或者实践中的问题进行哲学研究，一方面可以在思想层面对此主题进行探求；另一方面，在此过程中运用思想的力量，可以将可能涉及到的各个进展阶段做提前考虑，进行缜密的预设与大胆的推想，从而规避实践中可能出

① 赵春音：《当代西方创造力研究的考察》，《科学学研究》，2003 年第 4 期。

现的破坏性后果。

为什么一定要从哲学的角度研究人的创新能力？因为正确的实践活动的前提是正确而深刻的理论、思想引导，这需要哲学的参与。宏观地说，虽然正确的哲学不能直接帮助我们解决眼前所面临的具体问题，但能从根本上为我们解决这些问题提供一种理念和方法论；哲学尽管不能帮助我们具体去认识一个对象，但能从根本上帮助我们去把握这一对象中的“普遍精神”；哲学尽管不能告诉我们如何去具体从事一项实际工作，但却是行动的指南；哲学尽管不能帮助我们去做具体判断，但可以从根本上为我们提供一种评判的标准。[①] 换言之，如果不做哲学的分析，人们面对一个事物就难以把握其全貌和本质。康德说过：“人类理性非常爱好建设，不只一次地把一座塔建成了以后又拆掉，以便察看一下地基情况如何。”[②] 对待人的创新能力问题也是如此，对其本质的探究（地基情况的考察），就是哲学层面的论证。

当其他学科从各个角度、各类人群入手分析人的创新能力、寻找人的创新能力的提高路径时，哲学抛弃了一切表面的信息，以一种直接性和整体性的眼光透析人的创新能力。哲学将人作为“类”存在来看待，以“类”为出发点，从“类本性”的角度来研究人的创新能力。类是群的平台，在类之下可以划分许多不同的群；类是群的基础，只有当整体的类的创新能力提高有了路径之后，我们再来分析各个人群的创新能力的提高，才具备条件。在全球化的背景下，许多问题只有立足于人的类本性才能得到根本解决，比如人与自然的矛盾，这一问题是人类整体面临的问题，涉及人的本质性活动，只有在类的框架中才能全面把握。

---

① 韩庆祥：《能力本位》，中国发展出版社，1999 年版，第 4 页。

② ［德］康德，庞景仁译：《任何一种能够作为科学出现的未来形而上学导论》，商务印书馆，1978 年版，第 4 页。

人与动物一样有属于“物种”规定的本性，但人还有在后天活动中自我创造出的生命，这就是人的类本性。“类”超越了物种的自然规定又内含了物种的自然规定，是对人在自我创生过程中形成的体现人的特殊性质的描述，类本性意味着人在自觉活动中与他人和他物建立了本质的内在统一关系。如果说种的概念代表天然性、给予性、单一性、不变性，那么，“类”这个概念便表示自在的自为性、历史的生成性、否定的统一性、超越的自我性、自由的整体性种种特性。[①] 人的“类”本质的超越性、创造性使人具备了其他生物所不具备的创新能力。

“一个种的全部特征，种的类特征就在于生命活动的性质，而人的类特征恰恰是自由的自觉的活动。”[②] 人比动物多一种生命本质，就在于人类不仅有种的本性，要按照自然生命生存，还具有类的本性，可创造自为的生命。人在实践中创造出了自己的世界，也在这个过程中具有了类本质。从人的起源来看，是劳动创造了人，劳动体现了人的本质，而人的劳动与其他动物不同在于劳动的创新性、创造性。站在“类”的角度分析，创新、创造是人的本质属性，是人类区别与其他类的根本标志，是人的本性的延伸，故而，人的创新能力是由人的类本质决定的。

人之所以成为地球生命形式中的最高形态，在于他不仅有其他生命共有的能力，而且具备其他生命没有的能力，即人的创新能力。人是追求理想世界并创造理想世界的生命，正是人的创造性，把人和其他动物区别了开来。就像马克思说的那样：“最蹩脚的建筑师从一开始就比最灵巧的蜜蜂高明的地方，是他用蜂蜡

① 高清海：《找回失去的“哲学自我”：哲学创新的生命本性》，北京师范大学出版社，2004 年版，第 4 页。

② 《马克思恩格斯全集》第 42 卷，人民出版社，1979 年版，第 96 页。

建筑蜂房以前，已经在自己的头脑中把他建成了。”[①] 动物只能生活在一个既定、给定的自然界中，而人却不一样，人能够改变自然界，而且可以创造出人化的理想世界。

一个人只有通过有意识的创造性的活动，才能形成真正的自我，而这样形成的自我也就自然地富有特质性的存在，从而代表一个人的生命价值。有意识的创造性的活动在某种意义上可以视作创新的范畴，其间每一个人所体现出来的创新能力能确切地说明这个人的特质。人在创新中确认自我，也在不断创新中进行发展。人的类本性是个体生命独立基础上的联合，在个体发挥生命潜能的同时，人的类本性也得到丰富，社会得到进步。

另外，从哲学自身的发展来看，哲学思维在本质上是属于“创造性的思维”。[②] 哲学是时代精神的精华，在创新已成为人类实践的主导形式的今天，哲学必须加强对人的创新能力的研究，提升理论的解释力，实现对实践的指导作用，才能跟上时代发展的步伐。

## 三、本书的研究目标和研究方法

### （一）本书的研究目标

对于人的创新能力的哲学研究有助于贯彻以人为本的施政方针，全力弘扬科学发展观，有助于将创新力与国家发展战略之间的内在联系解读出来，有助于澄清在贯彻落实科学发展观、提升创新力和落实国家发展战略中的理论盲点，为其相关课题的研究提供理论支撑。本书的学术目标不在于展示人的创新能力在哲学视野中的全貌，因为毕竟这个话题在哲学层面还是比较新颖的，

① 《马克思恩格斯选集》第1卷，人民出版社，1995年版，第202页。

② 高清海：《探索新的哲学思维模式》，《求是学刊》，2005年第5期。

在这里只是做一个初步的尝试和探索。本书旨在从哲学层面另辟蹊径，探索这个目前非常具有实际意义的问题，即站在“类本性”的角度着眼于整个人类的创新能力的提高，并立足于人的生态属性，探求人与自然的互补关系、人与环境的内在一致性。本书没有局限于对特殊领域的创新思维与创新方法的探索，以期结论可应用于诸多方面而不是仅适用于某一类型的人或者某个组织。具体来说，本书希望达到的学术目标是：

第一，在忠实文本的基础上，力求客观地挖掘出中西方哲学与马克思哲学对人的创新能力问题的论述，以把握以往哲学家对这个问题的理解。

第二，站在哲学的高度，尝试分析人的创新能力的立足点——人的生态属性，以引起人们对生态属性的重视，从而能够正确地运用人的创新能力，达到人与自然的和谐共处、共同发展。

第三，在哲学视野中，从认识论、实践观、唯物史观和方法论的角度分别对人的创新能力进行分析，既看到各个领域之间的相互关联，又能体会到其中的巨大差别。

第四，立足中国的现实国情，寻求我国之所以人的创新能力不足的历史原因和现实障碍，并提出相应的改善对策。

（二）本书的研究方法

在研究方法上，本书主要采取了以下方法：

1. 坚持逻辑分析与历史考察的一致

任何一种理论，其内涵都是人类恒久求索的结果，理论的发展与创新也是建立在前人探索的基础上的。因此，有必要首先对人的创新能力进行思想上的历史渊源考察，其中包括中西方哲学史中关于人的创新能力的思想演进、马克思主义对这一理论的探究等。这些历史考察，是本书逻辑分析的基础和前提。其次在历史考察的过程中，运用不同的理论范式，理清在历史、现实与未来理想社会中人的创新能力的发展规律，进而结合理论层面的逻辑框架，以便立体剖析人的创新能力的形态并寻求人的创新能力的哲学机理。

2. 坚持批判原则与建构原则相并用

人的创新能力的现实意义是在对其理解的不断深化与发展中得到体现的，人的认识方式的变迁总会给对人的创新能力的理解注入新的内容，这些新内容的内化过程就意味着对一些原有思想的重新理解。当前，我们正在走向知识经济时代，考虑到知识经济对创造、创新的要求以及信息时代思维对存在的引领作用，研究人的创新能力需注入这些时代的新特点。而且，鉴于人的创新能力是哲学层面上的一个比较新的话题，为了能更具体、更全面地对其进行论述，本书多次使用了概念建构的方法。理论在许多时候是可以先行实践一步的，概念建构就是对这一原则的运用，为了将一些崭新的理念表达清楚，本书没有使用以往的经验而是使用意识建构的方法，对研究对象的某些性质给予了直接和崭新的概念界定。

3. 自然属性与社会属性相互补的方法

自然属性是研究人及人的创新能力的基本出发点，社会属性是研究人及人的创新能力的历史起点，只有两者相结合才能深入地剖析人的创新能力，两者缺一、偏一都会导致问题分析时的不全面、不深入。自然属性在人的属性中具有基础性地位，我们研究人的创新能力，不能脱离自然属性，必须着眼于“现实的人”，否则容易进入唯心的领域；而社会属性是人之所以成为人的独特性质，是人们在历史进化中形成的，没有社会属性就没有人这一“类”的形成与人类社会的形成，也就无所谓人的创新能力的萌生与发挥。应站在互补的角度来看待人的自然属性和社会属性的对立与统一，这样不仅有利于协调人的自然属性与社会属性的冲突，而且有利于从生态链中发现并理解人的生态属性，进而得出人的生态属性生成人的创新能力的结论，并以此为出发点来研究人的创新能力。

4. 文本解读与现实关注相结合的原则

人的创新能力是一个现实性很强的论题，属于形而下的范畴，而从哲学上对其进行解读，又具有了形而上的意味。因此，对人的创新能力的哲学研究既要以中国社会的现状为立足点，又要以文本的重新发掘为指导。深入进行文本解读是能够正确研究人的创新能力的知识基础，同时，对马克思主义理论以及其他思想家的文本进行时代解读，既能实现理论的创新和发展，又能实现对中国现实实践的理论前瞻。研究人的创新能力既应走近生活、结合现实，又应反思历史、深挖经典理论，从而寻求一条既符合中国实际又切实可行的提升人的创新能力的路径。

（三）本书的创新之处

1. 首先，从系统和整体的高度，深入到整个社会运作方式上去分析，为创新力和国家发展战略建立了一个环环相扣的逻辑框架。

2. 其次，参照各类人、事、物原始本性，利用理论作为根据，对创新力和国家发展战略的相互促导作用从人本的角度进行了预先的探索。

3. 不仅在现象上分析了制约创新力提升及落实国家发展战略的障碍，而且深入本质，找到了导致上述障碍的内因。

# 第二章　人的创新能力思想的历史清理与总结

人的创新能力的哲学研究虽不算很多，但在古今中外的思想史上，还是有一些值得我们借鉴的思想资源。认真梳理和分析中西方文化中人的创新能力思想，对我们今天研究人的创新能力具有借鉴意义。

## 一、我国传统哲学中的相关思想

关于我国传统哲学中是否蕴含人的创新能力的思想，这一点众说纷纭。极端的说法，既有我国传统哲学是完全压制人的创新意识和创新冲动的，也有我国传统哲学处处都是创新意蕴的观点。客观地讲，我国传统哲学确实包含了许多创新思想，而且也有不少有关创新的方法，只是这些观点不被当时的统治阶级所认可，没有成为社会的主流意识，进而未能对现实没有产生太大的影响。在此，我们从“生”的哲学思想和朴素辩证法来揭示我国传统哲学中的创新思想。

### （一）“生”的哲学思想对研究人的创新能力的借鉴

中西方哲学的一个巨大不同在于，古希腊从“有”开始了对哲学的探讨，而我们从初始就非常重视对“生”、“生化”的探究。“生”、“生化”即形成、发展、变化等，本身包含创新、创造的意思。在我国古代哲学家的眼中，客观事物在不断生成变化，整个生态链如此，作为生态链中的一个组成部分——人，也是如此。而且，人是主动地发挥其主观能动性的，是积极地进行创造、创新活动的。人的创新活动与人类社会的发展变化可以说是客观世界运动、变化、发展作用于人与人类社会的特殊表现。

西方哲学注重于生命的外向价值，讲求“知物”……由此形成了“存在论”形态的哲学。中国哲学则不同，它注重生命的内在价值，讲求的是“悟道”及体悟事物生成变化的机理……可以看作是生成论理论。①单从这个出发点上说，中国哲学更利于人的创新能力的生发和培养。《周易大传》中的“天行健，君子以自强不息”，就是在说明包括日月星辰的天体永远在运动变化，永不停息，人也应效法天的“健”，努力拼搏向前，绝不停止，这种前进的精神反映了人们愿意创新、渴求进步的冲劲。张岱年教授从《周易大传》入手总结中华文化基本精神，认为主动的思想主要在《周易大传》中，“《周易大传》内容丰湛，其中一些精粹思想具有历久常新的义蕴，具有令人赞叹的感染力，因而熔铸了中国传统文化的基本精神。”②

中国古代哲学家承认宇宙是变的，认为宇宙是一个和谐的生生不息的生命整体，其中的一切事物也都是“变”的。宇宙是变化的，就说明创新是有依据的，也是有空间的，变化的事物为创新提供了可能性。《周易·系辞上传》提到“天地之大德曰生”，荀子曰：“天地合而万物生，阴阳接而变化起”（《荀子·礼论》）。创新超越了简单的重复运动，在创新中没有停滞，事物在发展变化之中。事物变化、创新的背后是道在起主宰作用，道相当于西方哲学中的本体，道是万象变化的源泉，是贯通天

① 高清海：《找回失去的哲学自我：哲学创新的生命本性》，北京师范大学出版社，2004年版，第401页。

② 张岱年：《张岱年全集》第7卷，河北人民出版社，1996年版，第69页。

人、动静无端的生命本体。老子指出："有物混成，先天地生，寂兮廖兮，独立而不改，周行而不殆"（《道德经》二十五章）。作为万物本源的道尚且是"周行而不殆"，即生生不息、运动不已的，更何况由道衍生的天地万物呢？而且，老子指出："天下万物生于有，有生于无"，"创"字本身包含从无到有，我们从"道"中可以理解"无中生有"，而西方哲学很难理解这一点，它更多的是从有到有。

《易传·系辞上》说："富有之谓大业，日新之谓盛德"。说明日日增新是天下最盛美的品德，不断创生出新的事物是宇宙的根本规定性。这种观念得到了历朝历代的中国哲学家的衍生与发展。汉初的贾谊曾经指出："万物变化，固无休息。斡流而迁，或推而还。行气转续，变化而嬗勿穆亡间，胡可胜言。"（《鹏鸟赋》）这里虽然有超脱世俗的意味隐含在其中，但也确实指出了世界不是静止的，是在不断发展的，世界的发展依赖于创新的作用。帛书作者认为，对待新旧事物的矛盾转化的正确态度应当是："不臧（藏）故，不挟陈。乡（向）者已去，至者乃新，新故不翏（摎、纠），我有所周。"（《十大经》结语）即：对新旧事物的代谢，不应当去保留旧事物，陈旧的东西已经过去，新生的事物就会到来，应当舍故趋新，欢迎变化，周流不息。

关于人的创新能力的具体发挥，中国哲学更提倡道法自然，即人的创新能力的作用是在一定的范围之内的，创新是有规律可循的。中国哲学历来尊重自然，"敬天、畏天"的思想长期存在，这种思想虽然在一定程度上抑制了人的主体性，但是也使人们没有犯"人类中心主义"的错误。老子指出："人法地，地法天，天法道，道法自然"（《道德经》二十五章），让万物按照自己的本性去存在和发展谓之"自然"。老子还指出："道之尊，德之贵，夫莫之命而常自然。故道生之，德畜之，长之，育之，亭之，毒之，养之，覆之，生而不有，为而不恃，长而不宰，是谓玄德”。(《道德经》五十章)自然产生万物，却并不占有万物，更不因此而视为万物的主宰，这就是“道”的玄德。庄子视“自然无为”的天道为人道的最高准则，故而提出“无以人灭天，无以故灭命”(《庄子·秋水》)的观点。我们熟知的“庖丁解牛”的寓言，就是这个道理：特别擅长剔牛肉的师傅其技术达到“以神遇而不以目视”的熟练程度，表达了主观能动性(人道)与客观规律性(天道)相统一的思想。我们强调要发挥人的主观能动性，发挥人的创新能力，应该借鉴这个思想，以做到循道而动，主观与客观和谐共生。

而且，中国哲学对人的能力的作用程度有较深的理解，并不认为自然界可以被人类随意改变，自然界有不为人的意志所转移的规律。荀子指出：“天行有常，不为尧存，不为桀亡。”(《荀子·天论》)即自然界是有规律可循的，而且这种规律不以人们的好恶、君主的贤与不贤而有所改变。发挥人的创新能力时，只有注意这一点，才不至于犯盲目主义和冒进主义错误。中国人不仅从人类的角度去审视宇宙万物，也从自然的角度去审视宇宙万物和人自身，将自然人化，将人自然化。[①] 荀子强调，必须充分地认识自然，深刻地了解和把握自然，才能明白人应该去做什么，不能去做什么，违背自然规律贸然行动，只会给人类带来灾难。他指出：“舍其所参，而愿其所参，则惑矣!”(《荀子·天论》)知道了“其所以参”的道理和界限，才能分清人在什么情况下能够做什么事情，在什么情况下不能做什么事情，即“知其所为，知其所不为”(《荀子·天论》)。只有这样，才可能做到在遵循自然规律的基础上，利用自然来为人类服务。这些观念对于规避理性主义带来的弊端，促进在人与自然和谐的平台之上发挥人的创新能力，从而达到生态的可持续发展，具有很好的指

---

① 邹广文：《当代文化哲学》，人民出版社，2007年版，第133页。

导作用。

（二）朴素辩证法对研究人的创新能力的启发

朴素辩证法思想不仅对研究唯物主义辩证法有帮助，其中蕴含的道理以及辩证的规则对人们跳出习惯限制，建立创新思维，把握人的创新能力的运作也极具启发意义。《易经》一开始就讲到“生生之谓易”。由此可以看出，中国哲学中的朴素辩证法思想是一种生命辩证法，阴阳通过交互作用，对立转化，相生相易，产生了新的局面。《易传》把两种相反相成的因素的相互作用看成生化创新的内动力，《系辞下》指出：“天地氤氲，万物化醇；男女构精，万物化生。”这个说法在一定程度上与矛盾是事物发展的原动力有相通之处。

朴素辩证法不仅看到了事物之间的相互转化，也发现了事物之间的普遍联系。《易传》为无限发展的宇宙勾画出了图式，即“在天成象，在地成形，变化见矣”。在《周易·系辞上传》中，天的象征为干卦，地的象征为坤卦，坎、离、震、巽、艮、兑卦分别象征水、火、雷、风、山、泽，这八种因素相互作用，促成宇宙的大化流行，“故水火相逮，雷风不相悖，山泽通气，然后能变化，既成万物也”（《周易·说卦传》）。这种观点指出了宇宙的系统性、整体性。在我国传统哲学家看来，事物之间是相互影响与相互作用的，任何事物都不会孤立存在，每一个方面的变化和发展均需要多个相关因素的参与，处理任何事情都要注意事物相关性特点。创新也是需要多个因素的共同作用，尤其是在现代社会中，创新是一个牵一发而动全身的事情。在创新过程中，不能只看到眼前的这一件具体事情，而是要广泛联系，从整体入手，把握全局。

老子的《道德经》中蕴藏了丰富的辩证法思想，尤其是老子对于双方事物划转、互通的描述突破了人们的思维定势，具有创新思维的萌芽。在刚强、柔弱的对立中，一般人都会争强、好刚、屏弃柔弱，然而老子却不这么看，他从当时的社会现实中看到，争强、好刚都没有好的结果，“坚强者死之徒”、“兵强则灭，木强则折”（《道德经》七十六章），这是“不可长保”的。之所以会这样，是因为这种方式锋芒毕露、强力外显，很容易遭到别人的打击和摧残。老子用水作了比喻，“天下莫柔弱于水，而攻坚强者莫之能胜，以其无以易之”（《道德经》七十八章）、“天下之至柔，驰骋于天下之至坚”（《道德经》四十三章），就是说，采用柔弱的方法才是高明之道。这种逆向思维的方式突破了习惯性思维的限制，是对创新思维的运用。创新便意味着另辟蹊径，在常规之外发现创新点位，在直线思维的基础上还需要使用非线性逻辑，“柔弱胜刚强”的观点就是常规之外的非线性逻辑的结果。

在《孙子兵法》中，孙子提出了“上兵伐谋”、“避实击虚”、“以迂为直”、“兵贵胜，不贵久”、“致人而不致于人”等一系列军事思想和原则，而这些军事思想和原则是建立在他的唯物论和辨证法的基础上的，这也使得他的军事哲学历千年而弥新，放中外而皆准，即使在今天仍有许多值得我们学习和借鉴的地方。在孙子那里，战争不是孤立的，而是与其它事物相互联系、相互作用，所以孙子主张用联系的、全面的眼光来看待问题。孙子在看到事物的对立统一的同时，也看到了事物之间的相互转化，尤其是对立面之间的相互转化。孙子在《孙子兵法》中写到：“投之亡地而后存，陷之死地然后生”（《孙子兵法》九地篇），“乱生于治，怯生于勇，弱生于强”（《孙子兵法》势篇）。即：军队陷入了死地，唯一的办法就是死地则战，全力拼杀，浴血奋战，这样才有可能杀出一条血路，获取生还的希望。创新也是一样，就是要在不可能处发现可能性，这样才能达到意想不到的目标。孙子主张采取积极主动的进取精神，发挥人的主观能动性，创造条件，克敌制胜。战场上的情况千变万化，战机转瞬即逝，因此，孙子反对抱守残缺、顽固不化，主张不同的问题用不同的方法解决，即具体情况具体分析具体对待，决不可泥古不化。

面对继承和创新的辩证关系，相比起孔子提出的“述而不作”（《论语》）的观点，墨子的“述而且作”（《墨子·耕柱》）既继承了前人又提倡创新，既温故而知新又破旧立新，这样的辩证法思想蕴含了深刻的创新理念，也蕴含了正确对待传统的态度。墨子主张不断创新，这样才能使美好的事物不断增加，“吾以为古之善者则述之，今之善者则作之，欲善之益多也”（《墨子·耕柱》）。面对历史和传统，应采取扬弃的态度，努力创新，站在前人的肩膀上达到新的高度。但是，由于儒家文化的主流地位，墨子的“述而且作”观点的影响力没有“述而不作”更深远、更广泛，这不能不说是我国传统文化上的一个缺憾。

可见，我们传统哲学中有许多观点强调思维的灵活性，不僵化，善于随机应变。无论是“生”的哲学思想为创新提供了可能和动力，还是朴素辩证法的思想为创新提供了方法和依据，都说明我国传统哲学蕴藏了丰富的创新理念。而且，我们传统哲学主张人的主动性发挥应遵循客观规律，站在生态链的角度，强调人与自然界的和谐共处。面对目前人与自然矛盾日趋激化的状况，这种和谐创新的思想，对于21世纪的创新活动来说，极具指导意义。但是在汉武帝“罢黜百家，独尊儒术”后，文化被政治所利用。儒家文化以人伦思想为核心，以培养循规蹈矩的“君子”为目标，重德不重才，这个育人目标本身就不利于创新人才的选拔和培养，以致于在我国古代，“创”及其相关词汇，被埋没在千千万万普通词汇中，其文化精神价值，尚未被发现。① 封建专制统治对人们的思想严酷禁锢，使主流思想趋于僵

① 刘仲林：《论创造与创造观》，《东方论坛》，2002年第1期。

化，许多创新思想的闪光点没有被社会实践。总之，我国传统文化中的创新思想是隐性的，其中的创新意蕴需要我们认真去挖掘。

## 二、西方哲学中的创新问题研究

西方社会在人的创新能力发挥上的优先性，说明西方哲学尤其是近代西方哲学的主流思想利于发挥人的创新能力。西方社会中“人”的意识的萌动，实践中创新行为的开始，首先来源于西方哲学中对人的主体性的确认；其次，西方哲学中关于创新以及创造生成的阐述是多方面的；另外，西方哲学对于思维方式创新的研究比较深入，这些都有助于人的创新能力的开启和培养。

### （一）对人的主体性的确证

只有确认了人的主体性，人的能动性才得以发挥，人才能从神的桎梏中解脱出来。古代西方哲学中虽然已经蕴藏着主体性思想的萌芽，但主体性的正式提出、确立及研究却是近代哲学的事情，它是随着近代科学技术的发展和工业文明的兴起而日渐显现出来的。西方哲学主体性思想的发展经历了漫长的历史演进过程。

在古希腊的神话传说中，有许多英雄与神灵斗争的故事，这其实就是人的主体力量与自然力相互较量的生动写照，它体现着人竭力同化自然以利自身生存和发展的战斗风貌，在其背后却暗含着对人的主体性本质力量的呼唤和热望。公元前5世纪，阿那克萨哥拉提出了“心灵说”，认为心灵具有物质和精神两种属性，这无疑蕴含着人生与自然之间的潜在的对立和统一，预告着哲学研究从自然到人事、从物到心的转变的到来。自称为“第一智者”的智者派著名代表普罗泰戈拉提出了“人是万物的尺度，是存在的事物存在的尺度，是不存在的事物不存在的尺度”，[①] 表明在古希腊就有了进行自我意识的要求，它肯定了认识中的能动性。苏格拉底的哲学思想比普罗泰戈拉更加直截了当，他的“认识你自己”的诉求肯定了人的理性的地位，这一诉求意味着要通过人的心灵的内在原则来认识外部世界，而哲学的研究对象应该是人事和人的心灵世界，应把人看成是人的一切活动的出发点和标准。从智者派到苏格拉底的哲学研究，首次承认了人在自然界和社会环境面前具有的一定地位和作用，看到了人的力量的存在，孕育着人们独立思考、拓荒进取的精神品格，因而在人类思想认识史上具有里程碑的意义。

自文艺复兴开始，发掘人的主体性成为西方思想家孜孜以求的目标。在中世纪，人和自然都受制于神权。为反抗神权统治，文艺复兴发现了人，也发现了自然，人强烈要求认识自然，以便征服自然。先知们歌颂人是“万物之灵”，呼唤人的理性，要求人的自由平等，这便产生了人的主体性要求。文艺复兴宣扬与神的天国世界相对立的“人”及“人的自然本性”，恢复了人的价值与尊严，重新确立了人的中心地位和主体性。但他们所宣扬的理性、人权还具有抽象性，还依赖于人的自然本性，需要通过将人复归于自然来体现人的主体性。但是，文艺复兴运动毕竟打破了神学一统天下的局面，带来了自我意识的一次大觉醒，为主体性在近代确立创造了条件。

主体性的正式提出是随着近代哲学发生的“认识论转向”而凸显出来的。17 世纪以后，生产力的发展和科学的进步，使人发现至高无上的自然界不过是人的对象，不过是被用来满足人自身需要的有用物。由此，人的主体意识空前觉醒，主体性逐渐

① 叶秀山、缚乐安：《西方著名哲学家评传》（第一卷），山东人民出版社，1984 年版，第 420 页。

成为西方思想界的一个中心话语，人开始从研究自然反观自身，把主体与客体区分开，形成了自我意识和对象意识，这是人类思维方式的一次重大飞跃。于是，近代哲学从主体以及与之相关的客体的关系这一认识论角度，提出并确立了认识的主体性问题，笛卡尔的“我思故我在”这一著名的哲学命题就是它的集中体现，由此所展开的自我意识论成为近代哲学主体性的宣言。

被誉为“近代哲学之父”的笛卡尔在近代哲学史上，第一次基于普遍怀疑的方法，提出了著名的“我思故我在”命题。笛卡尔认为，“我”在思时，必定有一个在思的“我”的存在，“思维是属于我的一个属性，只有它不能跟我分开”，只有当我思维时“我”才存在，“假如我停止思维，也许很可能我就同时停止了存在”。[①] 笛卡尔提出：“我是存在的；而另一方面，如果我一旦停止思想，则纵然我所想象的其余事物都是真实的存在，我也没有理由相信我存在，由此我就认识到，我是一个实体，这个实体的全部本质或本性只是思想。”[②] 在笛卡尔看来，“我”首先是一个思维主体，人的主体性确立的根据是内在于我之中的“我思”，这是人的主体性的发端。笛卡尔把主体自我意识与客观现实世界对立起来，并把“我”即纯粹的精神实体作为分析认识，特别是论证所谓可靠知识的出发点，主张一切都是可以怀疑的，惟独“我思”是不能怀疑的。笛卡尔认为，当我们怀疑一切的时候，“我在怀疑”本身是无可置疑的。怀疑的主体——“我”也是不可怀疑的，这个正在怀疑的“我”的存在这一事实是毋庸置疑的，所以我思是一切知识可靠性的来源。他发觉

---

① ［法］笛卡尔，庞景仁译：《第一哲学沉思集》，商务印书馆，1986 年版，第 25—26 页。

② 北京大学哲学系外国哲学史教研室编译：《十六——十八世纪西欧各国哲学》，商务印书馆，1975 年版，第 148 页。

“我思故我在”是这样确实，这样可靠，“连怀疑派的任何一种最狂妄的假定都不能使它发生动摇”，“于是我就立刻断定，我可以毫无疑虑地接受这条真理，把它当作我所研求的哲学的第一原理。”① 这样，他就把知识的确定性问题归结为主体性问题。可见，笛卡尔是在认识论的意义上界定主体和主体性的。由此，笛卡尔确立了主体性在近代西方哲学中的地位，将“我思”与外在的客观世界划清了界限，大大提高了人的主体性地位。

主体性思想的最终确立者是德国古典哲学的奠基者康德。康德在笛卡尔的自我意识论的基础上提出了先验自我论，并突出和强调了先验自我的优先性。康德指出，在认识主体的内部，深藏着先天的认识能力即“先验自我意识”。因为这种“先验自我意识”的存在，主体先天就具有一套能动性结构，这就是感性阶段用以接纳对象的直观形式——时间和空间，以及在知性阶段用以综合和统一感性材料的思维形式——因果性等范畴。依靠它们，主体从感觉开始到获得知识的整个认识活动，这是一个主动的构造过程。在认识过程中，主体利用存在于自身的先天直观形式接纳感觉到的材料以形成感性表象，然后经过知性思维的综合，给它们以统一性和规律，按照康德的说法就是：“一切必然性，绝无例外，皆根据于先验的条件。因此，在我们所有的经验对象中，势必有先验的意识统一为基础，没有这个基础，就不可能思维任何直观对象。”②

康德的“哥白尼式的革命”和“人为自然界立法”，强调的都是人作为主体所具有的先验意识的优先性和主观能动性。康德

---

① 北京大学哲学系外国哲学史教研室编译：《十六—十八世纪西欧各国哲学》，商务印书馆，1975 年版，第 148 页。

② ［德］康德，蓝公武译：《纯粹理性批判》，商务印书馆，1982 年版，第 126 页。

为了证明科学知识的普遍必然性，提出了“对象依照知识”的“哥白尼式革命”这一富有转折性意义的命题。康德提出，可以像哥白尼把地球与太阳的关系倒转过来提出日心说那样，设想一下不是知识符合对象，而是对象依照知识。也就是说，我们的知识必须建立在经验基础之上，但主体本身具有一种在经验之先并且作为经验条件存在于我们头脑中的认识形式，这使知识具有了先天或普遍性。这样，科学知识的普遍必然性就得到了证明。“人为自然界立法”是指人作为认识主体给作为认识对象的自然颁布规律，其实质是创造认识对象，并获得规律性的认识。在这里，主体在认识过程中的地位、作用及能动性被突出来了，认识过程也就是主体能动的创造，产生自己的认识对象的过程。由此，康德开创了以主体的能动活动为中心来说明主体和客体的相互关系或统一关系的新方式，与笛卡尔哲学相比，主体性的能动性内容得到了补充。正是主体先验意识的这种优先性和主观能动性及其在形成知识和对象过程中的巨大贡献，使得人的主体性思想真正确立，从而形成较为系统的主体性理论，“西方文化逐渐地用人类主体性代替了上帝”。① 从主体性出发，在主客体对立这一前提之下来把握思想的东西和存在的东西的关系，构成了西方近代哲学的一个根本特点。

人的主体性思想在20世纪以前的西方哲学中不断发展壮大乃至发挥到了极致。西方的整个现代化的过程，就是人的主体性不断涌动和扩张的过程。西方近现代的主体性学说充分发扬了人的主动性和能动性，推动了科学革命，加速了工业化的发展，有利于创造社会财富和人类自身的进步。然而，近现代西方主体性观念难以克服人的主体性的极度扩张，导致人的中心意识膨胀，

① ［美］罗蒂，黄勇译：《后哲学文化》，上海译文出版社，1992年版，第174页。

也带来了严重的危机，例如生态能源危机、价值信仰危机、人文价值失落等一系列问题。在批判性反思的背后，人们也开始关注主体性的重建，思考“人怎样才能创造自己”（萨特语），[①] 以及如何能够自然而然地向“管理自我”（福柯语）[②] 过渡。

人的创新能力的萌动与发挥离不开人的主体性的确立，关键的问题在于如何更好地确立人类自身的主体地位。在主体性问题上，一方面要反对“人类沙文主义”倾向，防止片面强调人的主体地位，另一方面要反对完全抹杀人类主体地位的倾向。我们必须在对进行主体性思想深度反思的基础上，努力吸取近现代主体性哲学的积极成果，借鉴后现代哲学对主体性哲学所进行的批判，在主体与客体、人与自然以及人与人的相互关系中重新反思主体的地位，使主体获得一个恰当、合理的位置，只有如此，才能更好地发挥人的创新能能力。

（二）对创新及创造生成的阐述

人的主体性的确立更多地体现在了人的能动性与创新力的实现上。在很长的一段时间内，创造是上帝的象征，人不具备这样的能力。《圣经》的第一句话就是：起初，上帝创造天地。中世纪的奥古斯丁、托马斯·阿奎那等学者把创造看成是形成某种前所未有的独特东西的活动，在创造活动中，人总是要求得到上帝的启示。在西方哲学中，随着人的主体性的确立，人们逐渐从创新活动是上帝的象征中解脱出来，但是直到18世纪的欧洲启蒙时期，创造仍主要是描述上帝和神的词语。

文艺复兴运动恢复了人类自身的创造者的地位。在这个时

① 王治河：《扑朔迷离的游戏——后现代哲学思潮研究》，社会科学文献出版社，1998年版，第63页。

② 王治河：《扑朔迷离的游戏——后现代哲学思潮研究》，社会科学文献出版社，1998年版，第63页。

期，艺术创造首先被视为是最具典型性的创造活动，其本质是创造直觉。利奥那多·达·芬奇、基奥达诺·布鲁诺等科学、艺术先驱，都对创造提出过自己的见解。伽利略对创造作了较为系统地诠释，他认为单纯的归纳并不是我们产生一般原理的基础，也不能作为直觉的基础，只有充分展开创造性想象力，才能使我们真正洞察事物的本质和规律。[①] 但是，在整个 19 世纪以及以前的时代，创造主要是作为艺术家的属性而出现的，与普通人相距甚远，这一趋势直到 20 世纪才得到改变。

1637 年，笛卡尔出版了《方法谈》，笛卡尔几乎把全部科学从那些阻碍他的古代神话中解放出来，以普遍怀疑的精神，宣称要把一切过去积累和传播的知识推倒重来。笛卡尔认为，应该“认真地、自由地来对我的全部旧见解进行一次总的清算”。[②] 培根等人认为创造是解决问题的设想的成功组合，并对创造的实验方法进行了归纳与总结。在以培根、洛克为代表的经验主义哲学家眼中，创造具有实际的可操作性，人们可以通过论证、归纳以得到道德真理。经验主义哲学家的观点有助于将创造从艺术美学落到现实行动中，扩大了创造的范围和领域。黑格尔是德国古典唯心主义的集大成者，他将创造分为了科学的创造与艺术的创造两个部分，并对艺术创造进行了较为深入的阐述。随着研究的深入，创新与创造逐渐从艺术领域扩展到整个生命活动中。1906 年，法国哲学家博格森在其著作《创造进化论》中提出人的生命就是创造，每个人在自己的一生中都面临着无数的创造瞬间。博格森倡导的生命哲学认为，人脑的神经系统让人从无意识进入

---

① 高春梅：《创造力开发——决胜未来的抉择》，中国社会科学出版社，2001 年版，第 114 页。

② ［法］笛卡尔，庞景仁译：《第一哲学沉思集》，商务印书馆，1986 年版，第 15 页。

了有意识，依靠意识的功能，人们在不停地做选择，并舍弃许多东西。人不仅仅在适应环境，更重要的是去选择、去创造。人的存在价值、人在自然界中的地位，只有在人的创造中才能实现，“神并没有创造任何东西，神只是一种永不止息的生命力，是行动和自由”。[①] 人的自由性表现在能够选择上，而每一次的选择与放弃都使我们向前、向上跨出了一大步，将自己提升到更高的层次。

20 世纪 50 年代，人本主义对创新问题进行了新角度的研究。人本主义把创造的动机和需要摆在了人的需要中的最高层次。创新首先来源于创新的欲望，同人们的生产欲望相比，创新的冲动和欲望是人类的一个高级欲望，是人类在满足了低层次欲望之后才会萌生的一种欲望。马斯洛分析到，人类的需要是分层次的，由高到低，分别是自我实现、尊重需求、社交需求、安全需求、生理需求。自我实现的需要是最高等级的需要，满足这种需要就要求完成与自己能力相称的工作，最充分地发挥自己的潜在能力，这就是人的创造本性，“创造是自我实现的规定性特征”。[②] 自我实现的人并不仅仅因为他们在某一方面具有特殊的天资或成就，而主要是因为他们达到了哲学意义上人的真正本体存在，这是一种创造性人格的实现。马斯洛还认为：在人自我实现的创造性过程中，产生出一种所谓的“高峰体验”的情感，这个时候是人处于最激荡人心的时刻，是人的存在的最高、最完美、最和谐的状态。

美国著名经济学家约瑟夫·熊彼特可以称得上是现代创新理

---

① ［法］亨利·博格森，王珍丽、余习广译：《创造进化论》，湖南人民出版社，1989 年版，第 196 页。

② ［美］马斯洛，李文湉译：《存在心理学探索》，云南人民出版社，1987 年版，第 132 页。

论的奠基人，是现代创新理论的提出者和主要代表人物。他的创新理论强调生产技术的革新和生产方法的变革在资本主义经济发展过程中的至高无上的作用，强调创新是资本主义经济增长和发展的动力。熊彼特的“创新理论”是一种组合创新理论，认为“创新是把一种从来没有过的关于生产要素的新组合引入生产体系”。[①] 在熊彼特的“创新理论”中，创新主体是企业家，作为资本主义“灵魂”的“企业家”的职能就是实现“创新”。另外，熊彼特认为，企业家创新活动的实施不是客观需要，动机在创新主体的创新过程中占据着重要地位，[②] 创新活动是主体主观需要导致的。

后现代主义的创造观尤其是建设性后现代主义者的创造观对现代主义进行了反思，从自然的角度看待人的创造活动，强调创造活动的整体生态价值。在建设性后现代主义者的观点中，21世纪是生态纪，生态纪的动力来源于人的创造性。托马斯·柏励认为，走向生态纪元是人类历史必然的发展过程，现在人类所面对的地球上的种种变化已经超出了地球的承受能力，因而产生了全球危机。生态纪元的构建强调对地球整体的理解，它涉及五个领域——陆地、水、空气、生命、人类的思维。人类思维所产生的技术如果不能与自然界的技术相兼容的话，人类必然受到自然的惩罚。[③] 人是自然的一分子，人不能脱离自然而存在，人的创造活动可以说是大自然整体创造活动中的一个环节。建设性的后现代主义者主张，在不损害自然万物创造性的原则下，使人的创

---

① Joseph? Schumpeter, The Theory of Economic Development, Harward University Press , 1951, pp. 65.

② 汪澄清：《马克思与熊彼特创新思想之比较》，《马克思主义与现实》，2001年第3期。

③ 参见托马斯·柏励，李世雁译：《生态纪元》，《自然辩证法研究》，2003年第11期。

造与其他物种的生存彼此融合，进入生态新纪元。① 这种生态整体性的创造观对我们在当今生态环境日趋恶劣的情况下进行创造、创新活动，具有巨大的借鉴意义。

西方哲学对创新及创造生成的分析，涉及各个方面，从主体到动机，从工具到过程，内涵十分丰富，其发展经历了从忽视到发现再到极端扩大最后又归于反思的过程，把握这个过程，有助于我们在历史积淀的基础上客观地认识人的创新能力，实现创新活动的正向价值。

（三）对思维方式创新的研究

创新思维是一个综合思维，既需要逻辑思维的介入，也需要非逻辑思维的参与。在创新思维中，到底是逻辑思维（例如推理）起了重要作用还是非逻辑思维（例如直觉）起了关键作用，或者说它们在创新思维中各自究竟起了多大作用，这一点至今还存在争论。

直觉是人的思维中最基本的一种思维方式，对其他思维方式有基础性作用。康德、费希特、谢林等人都强调直觉的作用，认为思维的创新过程实质上是人的心理技能的运动过程，是直觉的过程，在许多情况下，直觉可以给人顿悟的提醒，让人直接产生创新的结果。"以先验想象力为前提，康德确立了现代美学的创造原则和自由原则，并且赋予了这两大原则先验的主体性根据……构成艺术创造力基础的，就是想象力自由创造的美（艺术）的表象"。② 康德等人认为创新性思维过程自始至终都是直觉在起主导的、核心的作用，艺术正是在直觉和感悟中才得以不断

① 罗玲玲、张嵩：《建设性后现代主义创造观解读》，《东北大学学报》（社会科学版），2004 年第 5 期。

② 肖鹰：《从再现到存在——现代西方创造性艺术观的哲学阐释》，《中国社会科学》，1999 年第 6 期

创新。

康德分析了人类认识活动的过程，将人类认识活动分为创造活动和非创造活动，认为非创造活动遵循形式逻辑，而创造活动遵循先验逻辑，创造性想象力是多样的感性印象与统一的知性概念之间的联系环节，它同时具有印象的明显性和理解的综合性，[1] 想象既是直觉和活动的共同的根源，又是直觉和活动的同一，“所以在它们的结合里构成天才的心意能力，这就是想象力和悟性”，康德指出，“审美理念是想象力附加于一个给予的概念上的表象，它和诸部分表象的那样丰富的多样性在对它们的自由运用里相结合着，以至于对于这一多样性没有一个名词能表达出来。”[2] 康德的认识论以先验为基础，先天的范畴是认识的可能，一部分知识是先天的，不是推断得出的，指出精神是知识的本原。“应当注意，我们所论究的原理既不是数学原理，也不是普通物理学的力学原理。我们所论究与内感……相关的纯粹知性原理。数学和力学的特殊原理只是由这些纯粹知性原理才成为可能。”[3]

康德将思维方式的创新主要归结为非理性因素，在这一点上，近现代的弗洛伊德走得更远、更极端。弗洛伊德认为，作家和艺术家以社会能够接受的方式来表达他们的无意识的愿望，从而产生创造性的产品，这种无意识的愿望涉及到权力、财富、荣誉、地位或爱。弗洛伊德强调了无意识过程的重要性，认为创造力的来源是原始的性能量，他将这种原始性欲的能量称之为“力比多”。弗洛伊德认为，成年人创造作品是为了满足白日梦

---

① 庄寿强：《普通创造学》，中国矿业大学出版社，2001 年版，第 42 页。

② ［德］康德，宗白华译：《判断力批判》（上卷），商务印书馆，1964 年版，第 163 页。

③ ［德］康德，蓝公武译：《纯粹理性批判》，商务印书馆，1960 年版，第 155 页。

的愿望，“艺术诗的实质在于运用了技巧，从而克服了我们的厌恶感……作者通过改造和伪装减弱了白日梦当中自私的特征，他在描述自己的幻觉时，用纯净的形态也就是审美的、愉悦的形态使我们受到了贿赂”。①

以黑格尔为代表的一派哲学家反对把创新性思维过程仅仅归结为一连串的直觉过程。黑格尔认为，直觉真理的产生必须是有前提、有中介的，人们不能期望什么事情也不做，就能产生灵感，只有靠思维才能达到事物的本质，“逻辑的确在最初必定是作为人们所了解和理会的东西来学习，但开始时总是莫测其范围、深度和进一步的意义。只是由于对其他科学有了深刻的知识之后，逻辑的东西，对主观精神说来，才提高为一种不仅仅是抽象的共相，而是在自身中包含了丰富的特殊事物的共相——正像同一句格言，在完全正确理解了它的青年人口中，总没有在阅世很深的成年人的精神中那样的意义和范围，要在成年人那里，这句格言所包含的内容的全部力量才会表达出来。这样，逻辑的东西，只有在成为诸科学的经验的结果时，才得到自己的评价；对于精神来说，它从此才表现为一般的真理，不是与其他素材和实在性并列的一种特殊知识，而是所有这些其他内容的本质”。②在黑格尔看来，认识是由浅而深的过程，是概念、判断、推理相互联系的结果，理性是概念的真实本性。不能把直觉看作创新性思维的完成，直觉仅仅是一个起点，在此基础上用精确概念表达出来的知识体系，才可称作创新性思维过程的完成。

黑格尔指出，直觉主义把直觉看成知识的最高点，这就必然

---

① ［美］阿瑞提，钱岗南译：《创造的秘密》，辽宁人民出版社，1987 年版，第 28 页。

② ［德］黑格尔，杨一之译：《逻辑学》（上卷），商务印书馆，1966 年版，第 41—42 页。

使知识成为一种只可意会不可言传的神秘的东西。这种东西不能称为“知识”，只能称为“体验”。黑格尔强调到：“这是属于最普通不过的经验，即许多真理我们深知系由于及其复杂的、高度中介化的考察说得到的成果，这种成果却毫不费力的直接呈现其自身于熟知此种知识的人的意识之前。数学家，正如每一位对于某一门科学有训练的人那样，对于许多问题得到直截了当的解答，然而他得出这些解答是经过很复杂的分析才达到的……在所有这些情境中，知识的直接性不但不排斥间接性，而且两者是这样结合的：即直接知识实际上就是间接知识的产物和结构。”①

在创新思维中，我们需要运用多种思维以得到创新结果，正确并且客观地看待其中每一种思维的作用，对于正确地形成并发挥创新思维至关重要。从目前对创新思维的研究成果来看，应该说，黑格尔对直觉的把握更为客观，没有放大的倾向，但以康德为代表的学者对直觉的重视和分析为抓住稍纵即逝的创新灵感提供了参考，两种主张都具有可借鉴性。

## 三、马克思对创新、能力问题的探索

马克思主义哲学是发展的哲学，是实践的哲学。在创新实践中，实践的对象是创意，发展靠的是创新能力代替守旧能力。马克思在《关于费尔巴哈的提纲》中明确指出：“哲学家们只是用不同的方式解释世界，而问题在于改变世界。”② 可以看出，虽然马克思对创新问题没有给出过多的直接论述和分析，但是整个

---

① ［德］黑格尔，贺麟译：《小逻辑》，商务印书馆，1980 年版，第 159—160 页。

② 马克思：《关于费尔巴哈的提纲》，见恩格斯着《路德维希·费尔巴哈和德国古典哲学的终结》，人民出版社，1997 年版，第 55 页。

马克思主义哲学充满了全新的进取性和辩证的创新精神，改造现存世界的创新精神，这正是马克思哲学革命的真谛。[①]

（一）马克思对创新问题的论述

马克思哲学本身就是人的创新能力发挥的结果。马克思哲学是“扬弃”的哲学，发展的哲学。扬弃就是推陈出新，发展意味着前进，意味着新陈代谢，意味着新事物取代旧事物。马克思对创新问题的论述可以从以下几方面把握。

首先，马克思的发展观为创新提供了理论依据。恩格斯曾指出：“物质的任何有限的存在方式，不论是太阳或星云，个别的动物或动物种属，化学的化合和分解，都同样是暂时的，而且除永恒变化着、永恒运动着的物质以及这一物质运动和变化说依据的规律外，再没有什么永恒的东西了。”[②] 发展首先体现在物质世界的变化运动中，世界是一个有机的整体，除了永恒的运动变化外，不存在着绝对静止的东西。自然界在发展变化中，人类社会也是如此，马克思不仅阐明社会是一个有机的整体，而且强调它是一种经常处于变化着的结晶体，“甚至在统治阶级中间也已经透漏出一种模糊的感觉：现在的社会不是坚实结晶体，而是一个能够变化并且经常处于变化过程中的有机体”。[③] 物质世界的发展变化需要创新，人类社会的发展变化也需要创新，创新是发展的动力，发展为创新提供了根据。自从人真正成为“人”以后，社会和自然界的变化尤其是社会的变化和发展就有了人类自觉活动的参与，它是人类创新的结果。马克思具体写道：“自然界没有创造出任何机器，没有制造出机床、铁路、电报、走锭精纺机等等。它们是人类劳动的产物，是变成了人类意志驾驭自然

① 王东：《与时俱进的理论创新》，《高校理论战线》，2002年第7期。
② 《马克思恩格斯全集》第20卷，人民出版社，1971年版，第379页。
③ 《马克思恩格斯选集》第2卷，人民出版社，1995年版，第102页。

的器官或人类在自然界活动的器官的自然物质。它们是人类的手创造出来的人类头脑的器官，是物化的知识力量。”[①]

其次，马克思的创造观是实践的创造观，是立足于现实的人和现实的社会发展历史的创造观。这种创造观有利于人们树立实践观念，并在实践中积极地改造自然、利用自然，同时也创造人类自己和人类社会。在马克思看来，创造活动是同人类其他活动一样的具体实践活动，是人类改造自然界的物质生产活动、改造社会的社会实践活动和创造美的艺术实践活动的一部分，同时创造活动也是在历史过程中创造了人类自身的活动。他指出，环境的改变和人的活动的一致，只能被看作是并合理地理解为变革的实践，[②] 这种变革的实践就是创新活动。正如恩格斯所说，人的“正常状态是和它的意识相适应，而且是要他自己创造出来的”。[③] 在马克思看来，“创造是一个很难从人民意识中排除的观念”，[④]“任何一种不是天然存在的物质财富要素，总是必须通过某种专门的、使特殊的自然物质适合于特殊的人类需要的、有目的的生产活动创造出来”。[⑤] 这说明创造是人类为满足自己的生存与发展需要，对自然进行利用和改造的实践活动，简言之，创造就是人类创造人化自然的生产实践活动。

马克思批判了黑格尔的“观念创造论”，指出：“在黑格尔看来，思维过程，即他称为观念而甚至把它变成独立主体的思维过程，是现实事物的创造主，而现实事物只是思维过程的外部表现。我的看法则相反，观念的东西不外是移入人的头脑并在人的

① 《马克思恩格斯全集》第46卷（下），人民出版社，1980年版，第219页。

② 马克思：《关于费尔巴哈的提纲》，见恩格斯着《路德维希·费尔巴哈和德国古典哲学的终结》，人民出版社，1997年版，第53页。

③ 《马克思恩格斯全集》第20卷，人民出版社，1971年版，第536页。

④ 《马克思恩格斯全集》第42卷，人民出版社，1979年版，第129页。

⑤ 《马克思恩格斯全集》第23卷，人民出版社，1972年版，第56页。

头脑中改造过的物质的东西而已。"① 在马克思看来，创新是一种社会现象，创新是一个由于客观需要而发生的自然的历史过程。而且，马克思认为创新的主体是从事现实活动的一般的人，历史的发展、创新成果的出现不是单个人的杰作，人民群众是历史的创造者。对于"历史人格创造论"，马克思指出："创造这一切，拥有这一切并为这一切而斗争的，不是'历史'，而正是人，现实的人、活生生的人。""'历史'并不是把人当做达到自己目的的工具来利用的某种特殊的人格。历史不过是追求着自己目的的人的活动而已。"② 马克思及其以后的马克思主义者更具注重整体力量的发挥，强调人民群众创造能力的重要性。列宁强调指出："群众生气勃勃的创造力是社会的基本因素……生气勃勃的社会主义是由人民群众自己创立的。"③ 在马克思的眼中，创造的主体不是某一个特殊部分或者从事某种特殊行业的人们，这与西方的许多学者有着鲜明的区别。在西方的许多学者看来，创造力的主体是特殊人群而不是一般人群，例如，吉尔福特根据不同人格对创造力进行了分类，熊彼特则认为创新的主体是企业家。

再次，马克思的创新观是一种继承性的创新观。面对创新活动，许多人认为既然是创新，便与继承没有关系，但马克思主张在批判的继承的基础上展开创新活动，他指出："人们自己创造自己的历史，但是他们并不是随心所欲地创造，并不是在他们选定的条件下创造，而是在直接碰到的、既定的、从过去继承下来的条件下创造。"④ 对历史的批判需要怀疑的精神。怀疑已有的，

① 《马克思恩格斯全集》第23卷，人民出版社，1972年版，第24页。
② 《马克思恩格斯全集》第2卷，人民出版社，1957年版，第118—119页。
③ 《列宁全集》第26卷，人民出版社，1959年版，第269页。
④ 《马克思恩格斯选集》第1卷，人民出版社，1972年版，第603页。

才能从中发现新问题，才能产生创新的冲动，发现创新的可能。列宁高度赞扬了马克思的怀疑精神："凡是人类社会所创造的一切，他都用批判的态度加以审查，任何一点也没有忽略过去。凡是人类思想所建树的一切，他都重新探讨过、批判过，在工人运动中检验过，于是就得出了那些被资产阶级狭隘性所限制或被资产阶级偏见束缚住的人所不能得出的结论。"① 正是怀疑、否定和不被束缚于现状的进取精神，使马克思创立了新的哲学体系。而且，马克思的怀疑精神与不可知论的怀疑一切有本质区别。马克思的怀疑精神是破旧立新，以追求更完善、更全面的实践活动和目标为导向。也就是说，怀疑的结果需要在实践中进行检验，面对被怀疑的对象，采取的是批判继承的态度。

最后，关于创新活动给人类带来的巨大效应，马克思给予了高度的赞扬。在工业革命之后，创造活动最直接地表现在科技领域，创造推动了科学的发展和技术的革新，科技进步带来了人类生活水平和生产水平的提高，甚至影响了时代的变迁和社会的变革，在这个意义上，可以说，创造活动推动了人类自身的发展。马克思写道："'机械发明'，它引起'生产方式上的变革'，并且由此引起生产关系上的改变，因而引起社会关系上的改变，并且归根到底引起'工人的生活方式上'的改变。"② 恩格斯也指出："仅仅詹姆斯·瓦特的蒸汽机这样一个科学成果，在它存在的头五十年中给世界带来的东西就比世界从一开始为发展科学所付出的代价还要多。"③ 马克思恩格斯科学地高度评价了创新成果尤其是科学上的创新对社会历史的推动作用，从一个侧面论证了"第一生产力"是人的创新能力在科技领域的具体运用。

① 《列宁选集》第4卷，人民出版社，1972年版，第347页。
② 《马克思恩格斯全集》第47卷，人民出版社，1979年版，第501页。
③ 《马克思恩格斯全集》第1卷，人民出版社，1956年版，第607页。

人类的历史就是一部创造、发明、创新、变革的历史，马克思对人类的创造精神和创造能力给予了高度的肯定和赞扬，蕴含着历史进化论的思想。

（二）马克思对能力的关注

马克思是实践的哲学家，所以他不仅仅在理论上肯定创新，更重要的是他将创新的意识和冲动转化为实践中的能力。

从人的本质看能力，马克思对人性的深掘，首先体现在他对人的重视以及对人的能力的重视上。他指出，“我们的能力是我们唯一的原始财富”，[①] 在共产主义社会中，“任何人的职责、使命、任务就是全面地发展自己的一切能力”。[②] 充分发挥自身的能力，在马克思对共产主义的构想中占有重要位置。人的能力是人的特征，人在发挥自身能力尤其是创新能力的同时形成了自己的社会属性，人类社会的产生就是人的创新能力发挥的结果，“特殊的人格的本质不是人的胡子、血液、抽象的肉体的本质，而是人的社会特质。”[③] 社会特质的形成需要以人的能力的发挥为起点，但是，人的能力的作用是以人的需要为前提的。从源头上分析人的创新能力，就要涉及人的创新冲动，而这个冲动来源于人在劳动实践过程中产生的需要，“劳动过程……是制造使用价值的有目的的活动，是为了人类的需要而占有自然物”。[④] 人的需要随着历史的前进在不断地发生变化，人类为了满足自己不断更新的需要，就要不断地发挥创新能力，并且不断地增强自身的创新能力，而旧需要的满足又会为新需要的产生提供条件，从而让人类社会不停地发展下去。同时，马克思指出了教育在人的

① 《马克思恩格斯全集》第49卷，人民出版社，1982年版，第120页。
② 《马克思恩格斯全集》第3卷，人民出版社，1960年版，第330页。
③ 《马克思恩格斯全集》第1卷，人民出版社，1956年版，第270页。
④ 《马克思恩格斯全集》第23卷，人民出版社，1972年版，第208页。

能力中发挥的作用，认为人的能力可以通过一定的教育和培训手段得到提高。

从人的发展形态看能力，依赖能力是人类进步的体现。立足于人类的社会实践活动，马克思揭示了人的发展形态的一般过程和规律，他在《1857—1858 年经济学手稿》分析到："人的依赖关系（起初完全是自然发生的），是最初的社会形态，在这种形态下，人的生产能力只是在狭窄的范围内和孤立的地点上发展着。以物的依赖关系为基础的人的独立性，是第二大形态，在这种形态下，才形成普遍的社会物质变换，全面的关系，多方面的需求以及全面的能力的体系。建立在个人全面发展和他们共同的社会生产能力成为他们的社会财富这一基础上的自由个性，是第三个阶段。第二个阶段为第三个阶段创造条件"。[①] 在这里，马克思指出了人类发展的三大历史形态：人的依赖、物的依赖、自主阶段（能力阶段）。按照马克思的构想，社会主义的价值导向就是将人从物的依赖中解放出来，发展全面的能力体系。

在第一形态，人在血统、身份等先天条件的压制下，能力的发挥带有较强的原始性，人类更多的是在自然地发挥自己的本能，而不是创造性地发挥自己的能力。在资本化的商品时代，人类成为机器的附属品，人的能力的发挥不是为了实现自我的价值和追求自由，而是为了占有外在异己物。从人身依附关系到物的依赖再到依赖自身能力而存在，即人们从"血缘本位"走向"金钱本位"或"权力本位"再到能力本位，人们逐渐丰富着自己的个性，也在逐渐扩大自己的自主内涵。这三个阶段的演变是人的内在本质力量发展的必然趋势，是历史发展的必然要求，是历史进步的过程，也是人类扬弃异化的过程。在人的依赖中，人更多的是以一种群体存在，为了生存，个人绝对服从群体的安

① 《马克思恩格斯全集》第 46 卷（上），人民出版社，1979 年版，第 104 页。

排，个人能力发挥的主动性是微乎其微的；在资本主义时代，人类从依附于群体转向依附于“物”，人类被资本引导和操控，能力的发挥建立在对物的依赖上，属于物的异化范畴；在第三个阶段，人们走向共同的“类”存在，依赖的是自身的独有能力，人的主动性得到极大发挥，能动性在充分作用，人的本质力量完全显现。

从历史观看能力，人类历史就是人的能力即个人本质力量发展的历史。人是生产力的主体，人的能力，包括智力、体力、交往力等是生产的前提或者说是生产赖以完成的工具，人的能力如何，对于生产力的发展状况来讲至关重要。马克思在考察社会生产力时，将它与人的能力紧密联系，认为人的对象性活动的过程就是人的能力作用的过程，人类社会的发展是通过人的对象性的活动体现的，个人能力的发展和社会生产力的发展息息相关。马克思指出：“工业的历史和工业的已经生成的对象性的存在，是一本打开了的关于人的本质力量的书。”① 这说明生产力发展的过程就是人的本质力量作用于客观对象的过程，就是人的能力发挥的过程，个人能力的发挥是社会发展的动力。通过自身能力的正常发挥，人类既实现了自身的价值，又实现了个人的社会价值。

社会的进步依托于人的能力，人的能力的发挥是在人类发展的过程中不断实现和完善的。马克思指出：“我们把劳动力或劳动能力，理解为人的身体即活的人体中存在的、每当人生产某种使用价值时就运用的体力和智力的总和。”② 在这个过程中，人也完成了自身的增强，形成了人的独有特性。每个人的创新能力的提高引起了整个社会的蓬勃发展，而社会的发展和进步又会为

① 马克思：《1844 年经济学哲学手稿》，人民出版社，2000 年版，第 88 页。
② 《马克思恩格斯全集》第 23 卷，人民出版社，1972 年版，第 190 页。

个人能力的提升提供了更多的诱发因素，创造了良好的外部环境，这是一个相互促进的过程，也是一个良性循环的过程。而且，在马克思看来，人类创造的社会财富是人的能力的物化，社会财富的积累来源于人的能力的作用，“事实上，如果抛掉狭隘的资产阶级形式，那么，财富……岂不正是人对自然力——既是通常所谓的“自然”力，又是人本身的自然力——统治的充分发展吗？财富岂不正是人创造天赋的绝对发挥吗？”①

从价值观上看能力，每个人能力的全面而自由发展是人的发展价值体系中的核心，是最高的价值目标。能力概念体现了动力和价值的统一，个人能力既是社会发展的动力，也是社会发展的目标、理想。马克思指出：“自由王国是在由必然王国和外在目的规定要做的劳动终止的地方才开始；因而按照事物的本性来说，它存在于真正的物质生产领域的彼岸……在这个必然王国的彼岸，作为目的本身的人类能力的发展，真正的自由王国，就开始了。”② 恩格斯也指出：“共产主义者的目的是把社会组织成这样：使社会的每一个成员都能完全自由地发展和发挥他的全部才能和力量，并且不会因此而危及这个社会的基本条件。”③ 每个人自由而全面的发展，其前提是每个人的能力首先得到自由而全面的发挥、发展，这也是马克思对公正的设定。能力的发挥不仅是个人发展的手段，也是个人发展的目的。人在发挥能力的同时，不仅为自己与社会提供了大量的物质资料，也创造了丰富的精神财富。人们通过发挥自己的能力进行创造性的劳动，不仅让自身价值得到体现，也促进了社会的进步，实现了人的社会价值。人的能力的发挥和自由而全面的发展是一种辩证的关系。每

---

① 《马克思恩格斯全集》第46卷（上），人民出版社，1979年版，第486页。
② 《马克思恩格斯全集》第25卷，人民出版社，1974年版，第926—927页。
③ 《马克思恩格斯全集》第42卷，人民出版社，1979年版，第373页。

个人能力的充分发挥是达到自由而全面发展的前提和途径，自由而全面的发展既是能力发挥的目标，也为能力真正的充分发挥创造了条件。

从作用效果看能力，马克思恩格斯对能力作用的最终影响有全面的认识。在能力作用的结果方面，马克思恩格斯预见到了人的能动性的随意发挥会带来自然环境恶化、人与环境不和谐等问题，指出了人们肆意发挥自己的主观能动性，不尊重自然导致的恶果。恩格斯考察了一些人类对自然的征服活动的后果后指出："我们不要过于得意我们对自然的胜利。对于我们的每一次胜利，自然界都报复了我们。每一次的这种胜利，第一步我们确实达到预期的结果，但第二步和第三步却有了完全不同的意想不到的结果，常常正好把那第一个结果的意义又取消了。""如果我们需要经过几千年的劳动才学会估计我们生产行动的较远的自然的影响，那么我们想学会预见这些行动的较远的社会的影响就更要困难得多了。"① 人们能力的发挥尤其是创新能力的发挥，是人的主观能动性极大发挥的体现，其成果的实现很容易令人产生可以征服一切的想法，尤其是在对待自然界这个问题上。但是，如果能力的结果不利于人与自然的和谐，不利于可持续发展，那么，即便是这个结果对当时的人们有巨大作用，此行为也是不可取的。恩格斯告诫人们："我们必须时时记住：我们统治自然界，决不像征服者统治异民族一样，决不像站在自然界以外的人一样，相反地，我们同我们的血、肉和头脑一起都是属于自然界，存在于自然界之中；我们对自然界的整个支配，仅仅是因为我们胜于其他一切动物，能够认识和正确运用自然规律而已。"② 真正的能力内涵不仅体现在人改造自然和征服自然上，更重要的

① 《马克思恩格斯选集》第3卷，人民出版社，1972年版，第517页。
② 《马克思恩格斯选集》第3卷，人民出版社，1972年版，第518页。

是体现在人与自然相互和谐、协调发展上。

可以看出，马克思和恩格斯虽然强调人的主观能动性，但他们绝不是在宣扬人可以无所顾忌、肆意妄为地对待大自然。人与自然的和谐现在是一个热点问题，许多人已经意识到对自然的破坏最终伤害是人类自身，由此认为要达到人与自然的可持续和谐，人们应该站在人与自然构成的整体的立场上对待自然，在“人与自然”这个共同体上去发挥人的主观能动性，发挥人的改造能力、创造能力与创新能力。

统观我国传统哲学、西方哲学及马克思对人的创新能力问题的相关阐述，可以发现，他们的落脚点和重点截然不同。我国传统文化有着不同于整个西方文化的鲜明特征，和谐意识是我国传统文化的主导意识，“和”是中国人价值观、人生观、世界观的重要特点，这种特点也反映在我国传统哲学对待创新活动的态度上。从整体状况来看，我国传统哲学中的创新思想属于和谐创新，强调“和实生物”。在我国古代思想家看来，任何活动的背后都有“道”的运行，事物的发展是融通的，不存在分化的情况，任何活动都应站在天人合一的角度去运作，人的创新能力的发挥也是一样。而且，由于我国传统哲学注重意象性、悟性思维，所以，我国传统哲学没有给出过多的规则性的方法和技术供创新行动来参考，它注重人内在的自觉的束缚，同时，我国传统哲学更侧重于对个人的创新的生成，而少有对组织或集体的创新能力的分析和解读。西方哲学的发展是建立在自身传统基础上的，具有很强的逻辑性，环环相扣，研究西方哲学应该从历史与逻辑的统一入手，把握其整个历程。西方哲学对创新问题的论述涉及方方面面，而且，西方哲学不像我国传统哲学那样要求许多事情应去体悟，西方哲学注重逻辑性、理性，讲究分析，注重外在制度的规范，所以，其中不少有关创新的方法和思路已程序化，成为了规则。马克思的哲学起源于对传统哲学的批判，其哲学充满了革命的进取精神。由于马克思研究的领域涉及许多方面，所以，其创新的思想也是多元的、综合性的，把握马克思的创新思想不能忽略其研究领域的系统性。马克思的创新思想和能力思想建立在历史唯物观与辩证唯物观的基础上，是一个严谨的体系。而且，马克思将创新置于了一个广阔的社会背景之中，创新源于社会的需要，并有规律可循。

# 第三章　人的创新能力概念的哲学理解

对核心概念的解读是一个理论或者学科的起点，这个解读不仅仅是给出一个定义，还包括对这个基本概念的特征、作用、领域、层次、立足点等问题的诠释。本章在前人关于人的创新能力理解的基础上，首先定义了人的创新能力，并在此基础上剖析了人的创新能力的基本内容以及典型特征。为了全面把握人的创新能力，本章还分析了研究人的创新能力的立足点，指出发挥人的创新能力应立足于人的生态属性，用人的生态属性来协调人的自然属性和社会属性。只有充分认识人的本质与外界环境的一致性，才能够避免人的创新能力的肆意发挥，从而达到人与外界环境的和谐一致，共同持续发展。

## 一、人的创新能力概念的内涵

人的创新能力不是一个新词。本章力求在梳理前人有关思想资源的基础上，给出对人的创新能力这一概念的基本理解。

（一）人的创新能力的概念诠释

为了准确把握人的创新能力的概念，我们可先从创新、能力这两个组成要素开始分析。

1. 创新与能力

创新在英文是“innovation”，作为动词就是“innovate”，可以解释为“更新、变革、创造新的事物”。学术上出现创新一词较晚，尤其是哲学上对创新的研究，多是在熊彼特之后进行的。美国经济学家熊彼特在《经济发展理论》一书中，提出了创新这个概念，认为“创新是指新技术、新发明在生产中的首次应用，是指建立一种新的生产函数或供应函数，是在生产体系中引进一种生产要素和生产条件的新组合”，创新包括“引入新产品或提供产品的新质量；采用新的生产方法（主要是工艺）；开辟新市场；获得新的供给来源（原料或半成品）；实行新的组织形式”。[①] 可见，熊彼特的这个概念是局限于经济学领域的。

我国出现创新一词的历史已久，从史料考证中发现，《南史》中已有创新一词：“今贵妃盖天秩之崇班，理应创新”。经过了历史的洗礼和演变，目前，创新被应用到了各个方面，对创新这个概念也有了各种各样的解读。有学者说，创新是新设想（或新概念）发展到实际和成功应用的阶段；[②] 有的学者把创新定义为一种推陈出新，追求创意的鲜明意识，一种勇于思索，积极探求的心理取向，一种善于把握机会的机敏和灵性，一种积极改变自己及改变环境的应变能力；[③] 有的学者把创新定义为主体为了生存和发展，在处理和客体的关系中弃旧图新，破旧立新的独创性活动。[④] 有的学者则认为，创新是人类的一种高级创造活动，是人在社会发展的实践中，扬弃旧事物、旧思想或旧方法，

---

① 路甬祥：《创新与未来——面向知识经济时代的国家创新体系》，科学出版社，1998 年版，第 41—42 页。

② 鲁克成、罗庆生：《创造学教程》，中国建材工业出版社，1997 年版，第 328 页。

③ 中央教育科学研究所：《创新教育》，教育科学出版社，1999 年版，第 177 页。

④ 中央教育科学研究所：《创新教育》，教育科学出版社，1999 年版，第 153 页。

把新设想或新成果成功实施，并获得更高效益的运作系统。[①]

作为创新的近义词，创造概念使用比较普遍，理解创造的内涵，有助于理解本书对创新的界定。创造在英文中是“creation”，动词为“creat”，在汉语词典中的解释是：想出新方法，建立新理论，做出新的成绩或东西。无论是创新还是创造，都具有“新颖性”的含义，创新与创造在新颖性上是一致的。在学术界，关于如何界定“创造”的内涵，至今尚有争议。学者们从各自研究领域的具体情况出发，从不同角度提出了不同意见，归纳起来有如下三种：（1）认为创造是一种能力或品质或素质；（2）认为创造是一种心理过程或心理活动；（3）认为创造是一种产物或成果。[②]

考察创新和创造这两个范畴的实质内容，可以看出，创新和创造在实质上是同义的。但是创造和创新的区别在于：首先，创造侧重于从无到有，创新不仅包括从无到有，还包括有中生新，创新比创造的范围更广；其次，创新具有价值性，需出现最终成果，创新是创造的有进步价值的追求。[③] 考虑上述因素，本书为创新下的定义是：主体运用突破性思维更新、改变旧状况的过程或者结果，是合规律性、合目的性、非重复性的实践活动。并特别指出：在一般的情况下，本书将创造与创新作为本质上的同义词来理解，提取的都是其最精髓的创性本质。创新是人自身本质力量的对象化，对于创新来说，其主体就是具有创新思维的人，也就是能够突破旧的思维模式的限制和引导，以新的思维方式，产生新设想、新方法，并能成功实施以解决新问题的人。

---

① 刘培育主编：《创新思维导论》，大众文艺出版社，1999 年版，第 12 页。

② 赵卿敏：《创新能力的形成与培养》，华中科技大学出版社，2002 年版，参见前言，第 5—6 页。

③ 殷石龙：《创新学引论》，湖南人民出版社，2002 年版，第 11 页。

对于能力这个概念，以往，人们多从心理学的角度进行了研究，认为能力是顺利完成某种活动所必备的心理条件。《现代汉语词典》对能力的解释为：能胜任某项工作的主观条件，这基本上也是在心理学的领域中定义的。在学术界，从哲学角度对能力进行的研究和分析比较少，这在一定程度上降低了能力概念的价值以及人们对能力的把握程度。

韩庆祥教授首创的能力本位理论对能力这个概念进行了深入的研究。他指出：可简要地把人的能力界定为“它是人的综合素质在现实行动中表现出来的、正确驾驭某种活动的实际本领、能量和熟练水平，是实现人的价值的一种有效方式，也是左右社会发展和人生命运的一种积极力量，它包括体力、智力、道德力、审美能力、实践操作能力等一般能力，从事某种专业活动的特殊专业才能和为社会而奉献的创造能力”。[①] 韩庆祥教授能力本位理论一经提出，便受到了广泛的认可和关注，这也说明了人们对能力的重视。

能力与道德是一对相对的范畴，从能力与道德的区别中，我们可以看出能力的特点。参考韩庆祥教授的总结，能力与道德的区别可归纳如下：一是道德是向内指向人自身要求改变自我的个人内在行为，以仁义礼智信为道德准则和信条，是对道德主体本身自我完善的要求；而能力则是向外指向并要求和改变外界事物的外在行为，技术和本领作为能力的表现则是要作用于外界事物，要求改变外界事物。二是道德是“好不好”的问题，是人从事活动的品质；能力则是人控制、驾驭和支配活动的本能，是“能不能”或“行不行”的问题。三是道德的作用是有限的，而能力的作用比较广泛。道德往往只有通过主体的自律影响人心，才能变成他的自觉行为，故而达到道德自律有一定的难度，道德

① 韩庆祥：《能力本位》，中国发展出版社，1999年版，第80页。

的作用总是有限的，是在一定范围内起作用的，而能力的影响范围是可以很大的。四是道德是一个潜移默化的过程，是相对稳定和缓慢的，而能力则是日益提高和发展的。五是道德在一个人身上可能会是言行不一的，对道德的评判缺乏一个明确、明显的尺度和标准，而能力的伪装是很难的，一个人的能力大小必须在其实践活动及其效果中得道检验和确证。六是道德会缺失，而能力在获得后一般不会再失去。①

对能力的考察是多方面与多角度的。从能力获得方式上看，能力是在先天条件、心理素质的基础上通过后天的实践活动的锻炼、塑造以及环境的影响形成的实践技能；从能力的终极目的上讲，能力是人们为了达到自己的目标、顺利完成自己的活动，所必备条件的个性心理特征；从潜能方面上说，能力是人的内在本质力量，是人的综合素质的外化表现；从能力的发挥上说，能力是人在实际生活工作中，驾驭实践的本领及其熟练程度。综合以上论述，从哲学角度出发，本书将能力定义为：能力是人们在实践活动中实现主体价值的有效方式，是人的综合素质在现实中的外化，表现为驾驭某种实际活动的本领。

可见，能力不是一个单纯的心理学概念，也不单单指心理条件。能力可以直接作用于现实，在实践中被检验和获得提高，也可以被直接把握并获得确定。能力的发挥具有综合性，是体力、智力、审美力、道德力、情商、运筹力、胆商等多个因素共同作用的结果。能力是人自身固有的一种力量，是人的内在素质的外在体现。同时，能力不只是个人的，它受到诸多外界条件的影响和塑造，具有社会性。究其本质，能力是人的综合素质、内在潜力在现实行动中的具体表现，是一种实际的本领和能量。能力尤

① 韩庆祥：《建构能力社会——21 世纪中国人的发展前景》，广东教育出版社，2003 年版，第 45—47 页。

其是人的创新能力在未来社会中会受到越来越多的关注，主宰社会前进的脚步。

2. 人的创新能力界定

前文已经说过，哲学上分析人的创新能力与其他学科的一个重大不同在于，哲学从“类本性”的角度来研究人的创新能力，是将人作为“类”存在来看待的。人与动物的不同就在于人可以发挥其创新的主观能动性，所以，从这个角度说，人的创新能力是代表了人的能力的本质特性。在深入分析创新与能力的基础上，本书将人的创新能力界定为：主体在理性升华的指导下，运用创新的方法解决新问题的实践化技能。用旧办法解决新问题，不是人的创新能力的真实运用，面对新问题产生出新办法才是人的创新能力的反映。人的创新能力不仅具有一般能力的特性，还在一般能力的基础上发展了有利于创新活动的必备的技能，比如预见创见能力、协同能力、发散思维能力，等等。

人的创新能力之所以依赖于理性升华，是因为创新是人的能动性的最高表达，是产生创新意识并付诸于实践的过程，它需要人突破旧有的限制，这个结果依靠一般的模式化的理性思维是达不到的。不在认识工具上进行改革，人们的认识就不可能有突破性进展。所谓理性升华，即理性创造的过程，是创性理性发挥作用的过程。面对新问题，为了达到创新目的，人们运用创性理性，对头脑中已有思维框架和知识技巧进行综合加工，实现理性的升华，同时提出新的见解。当然，人的创新能力需要一定的知识、理念、经验作为前提，否则，思维创新就会变成毫无内容与支撑点的空架子。但是，人的创新能力首要影响因素不是技术，它的第一要务是思维的跃迁，是不受传统束缚的蹊径式思维跃迁。

在一般概念中，人们思考的工具有三种：感性、知性和理性。感性是通过观察实践得到的感觉和印象，直接与客观存在相连；知性即经过思考把握质的特点和外部联系，加以分别归类，具有直观性；理性即经过反思把握本质以及本质内部的矛盾及内部联系，具有间接性。创新是更高的理性追求，不仅需要单纯的反思、逻辑、推理，还需要理性升华后的顿悟、豁然开朗。如果思维仅仅停留在感觉、观察、整合、抽象的阶段，说明理性还没有到达最高点，能够产生人的创新能力的创性理性才是理性的最高层次。创性理性是理性思维的产物，是理性思维下长期明智实践的结晶，它与直觉即不经逻辑判断而获得真实认知有相似之性质。一般理性以感觉材料为推理依据，创性理性则以理性积累的正确认识与抽象的概念、观点、方法、思维方式等为演绎根据。理性的本质特征是以认知为倾向，其反映是以求得真理性认识为主导作用；创性理性的本质特征是以创新为倾向，其反映是以求得重构设计为主导作用。

创性理性侧重于对物质本质的直观把握，是人类直接领悟对象事物本质的能力。当然，创性理性与感性及一般理性也是密不可分，是统一的。创性理性的发挥以感性和一般理性为基础，当人们的感性与一般理性被封闭起来，创性理性就无从谈起。如果没有感性的前期积累和一般理性的思考探索，创性理性就没有源泉，头脑中的灵感也很难被触动。创性理性面对其他认识工具所收集的材料与直观经验，不是只做一般逻辑上的归纳思考，在许多时候，它是直达事物的本体和整体，如同慧能的“不取不舍”法。“不取”即“自用智慧观照，不假文字”；“不舍”即通过对它们的运用来超越它们，以达到“塞其说，闭其门，挫其锐，解其纷”（《道德经》五十六章）的状态。这是一种排除一切经验、概念和欲望，直达事物本质的洞察方法。

黑格尔将理性分为三个阶段，即观察理性、实践理性、自在地和自为地实在个体性。从“发现它自己就是存在着的对象，就是在现实的、感性现在的方式下存在着的对象”,[①] 到“理性的自我意识通过其自身的活动而实现”，再到主体与客体实现了统一，这样的三个阶段，实则是理性升华的一个过程。从许多科学家的创造过程中，我们可以看出他们的思考超越了一般理性的思维，是理性创造的过程，是创性理性作用的过程。许多理性主义学者包括培根在内，对待理性的作用都有机械化的倾向，认为科学是通过连续不断的步骤，经过分析、归纳等方法逐步上升的，这是对理性的巨大创造潜力缺乏必要的理解和足够的设计，以致形成机械的程序思维。波谱尔论证了哥白尼革命的源泉并非来自观察的材料，而是超越已知感觉经验的大胆猜想的新观念。[②] 理性不仅仅是经验的归纳，理性还包含了大胆的想象、猜测、假设等一系列创造性理性活动的过程。

强调理性需要升华，是因为停留在理性层面上，不利于创欲的开发。创性理性对创知、创新、创造至关重要，人们应突破一般理性的束缚，达到创性理性的层次，没有创性理性，人的创造性活动就会大打折扣。因为一般的理性思维只能对感性材料进行抽象、归纳、推理，但不能进行重构、策划、发明。发明需要有突破性的灵感支持，没有灵感，理性思维再发达，也不能提出新见解，产生新方法、新主意、新方案。创性理性是理性与自由意志结合的产物，使人表现出了其主体性的一面，开始了人类对自身自然性的超越。

现代社会发展到今天，理性至上的弊端已日益突出。理性思维在给人们带来巨大的科技进步和社会生产力提高的同时，其负面作用也在逐步显现，理性至上更像是一把“双刃剑”，在给我

① ［德］黑格尔，贺麟译：《精神现象学》（上卷），商务印书馆，1979 年版，第 1620 页。

② 余丽嫦：《培根及其哲学》，人民出版社，1987 年版，第 298 页。

们带来物质财富的同时，也引发了严重危机。积极发掘创性理性的功能，有助于我们深化已有认识，拓展认识路线，拓宽认识范围，有助于得到全局性、系统性、生态性的认识结果，以便在实践中发挥人的创新能力时，做到兼顾现实与未来、人类与自然。

3. 人的创新能力的内因生成

唯物辩证法认为：矛盾是发展的动力，“在各种外部条件的影响下，事物内部矛盾着的双方既相互依赖又相互排斥，既统一又斗争，使双方力量处在此消彼长的不断变化中；一旦矛盾双方的力量对比发生根本性变化，便引起双方地位的相互转化，于是新矛盾取代旧矛盾，新事物取代旧事物。这是一个由事物内在的矛盾性而引起的“自己”运动的过程。”①

对于事物的发展来说，内因是变化的根据，而外因是变化的条件，对于人的创新能力的生成而言，也是如此。外在的环境与激发因素只是人的创新能力的催生条件，起催化剂的作用，催化发生作用的前提是创新的种子已内在生成了。《帛书》曾明确提出：“观天于上，视地于下，而稽之男女。夫天有（恒）干，地有恒常，合口口（疑缺“两”“曰”二字）常，是以有晦有明，有阴有阳。夫地有山有泽，有黑有白，有美有亚（恶）。地俗（育）德以静，而天正名以作。静作相养，德疟（虐）相成，两若有名，相与则成，阴阳备物，化变乃生。”（《大石经·果童》）其内涵是，远观天地，近察男女，看出一个普遍永恒的法则，即（“合两日常”）矛盾着的对立面是永远结合着的，“两相养，时相成”（《十大经·姓争》），对立面是相养相成的，阴阳备于一物，所以“化变乃生”。也就是说，一切事物“化变”的根本原因在于“阴阳备物”，这是内在生成的，属于内因的范畴。

---

① 肖前主编：《马克思主义哲学原理》，中国人民大学出版社，1994 年版，第 242 页。

人的创新能力的基因在人们的思想之中。人类开创的属于人的新世界，首先表现为思维为自己开拓的可能性空间之中。[①] 人内在对创新的诉求，从虚到实依次表现为：创欲、创意和创新能力。创欲，即创新的欲望、倾向，是人们主观能动性的高度表现，是精神反作用于物质的必经之路；创意，即创新的意识、意愿、意向、意图等。要完成一个创新过程，得到一个创新成果，必须创欲、创意、创新能力三者一起参与。人的实践本质决定了人从来都不满足于现实的世界，而是为了自己的理想世界进行选择和创造，从创意到创新能力（可简称创力）的过程就是人的创新实践落实的过程。

人类在实践中产生的需要和欲望是创新的动力来源，这个欲望总的来说，分为三类：食欲、爱欲、创欲。孔子在《礼记》里讲“饮食男女，人之大欲存焉”，并没有揭示了人的欲望的全貌。在欲望架构方面，人是一个三位一体的生命，是食欲、爱欲和创欲共同在作用，食欲保证了人的生存，爱欲维护着人的生活，而创欲则保障着人的生产。

同食欲、爱欲一样，创欲属于人的本能欲望，创欲不满足，人生到达不了高境界，人生价值也难以有高质量的实现。但是对于一个创新过程来说，仅有创欲是不够的，有创新的愿望只是开端，还需要明晰应创新什么，以及怎样去创新，这就涉及创意与创力的问题。有创意没创欲，难免成为模仿别人的创造或是眼高手低的空谈，创意不可持续；有创意没创力，如同画饼充饥，构思不可能变成现实；有创力没创意，就创造不出高品质的创新成果。所以，任何一种全面的创新，都是创欲、创意、创力三者协同并举的结果。也只有三者协同并举，才能保证人的创新能力的

---

① 高清海：《找回失去的“哲学自我”：哲学创新的生命本性》，北京师范大学出版社，2004年版，第45页。

可持续作用。

人的创新能力是素质的外化，也是创新智能的体现。为了促使人的创新能力的内因生成，我们首先需要解放思想，打破教条主义、经验主义、守旧主义以及僵化或神话的传统观念，使思想处在不断创新的活态之中。

（二）人的创新能力的基本内容

根据人的创新能力的作用方向和实践领域不同，人的创新能力可以分为理论创新能力、方略创新能力、知识创新能力、技术创新能力和制度创新能力五个基本方面。

1. 理论创新能力

理论主要指从对事实的推测、演绎、抽象或综合而得出的一系列原理或概念。人的创新能力在理论层面上的发挥，指人对已有的认识进行再认识，对原来认识中正确部分的坚持和对错误部分的纠正，在研究新情况、总结新经验的基础上形成新的认识。人于实际改造客观事物之前，在思维上对客观事物进行改造。① 在理论领域上发挥人的创新能力，可以增强理论自身的说服力和战斗力，正确地回答新的实践中迫切需要解决的新问题，从而不断推进实践向前发展。

在许多情况下，理论是要先行实践一步的，不间断地拓展理论创新的空间，发现新真理，这是实践发展的内在要求。查尔默斯指出："某种知觉经验可为观察者直接获得，但是观察陈述当然不行，观察陈述是公共实体，用公共语言加以阐述，包含着不同程度的普遍性和复杂性的理论……在所有观察陈述之前，预先有某种理论"，"观察陈述利用理论或者概念的框架有多么精确，

① 董振华：《论创新劳动与人的自由全面发展》，《岭南学刊》，2005 年第 5 期。

观察陈述利用也就有多么精确……理论先于观察。”① 实现理论创新向实践创新的转化，是理论创新普及化的客观要求。

就源头性而言，理论创新是知识创新、技术创新、制度创新和其他一切创新的基础和灵魂。理论创新会带动文化发展；理论创新作用在意识形态方面，有利于与时俱进地确立先进的执政理念，时刻掌握意识形态领域的话语权；理论创新对社会发展有直接的促进和指导作用。有什么样的理论，就有什么样的实践效果，理论只有时时走在时代的前面，才能持续引领实践。为了更好地进行理论创新，我们首先转变思维方式，思维方式的改变是理论创新的基础。② 思维方式应从原来固有的封闭性思维转向开放的多元化思维。任何一个理论都只有在其是一个开放的体系时，才具有包容力和成长力，否则理论就会封闭、退化直至消亡。比如，马克思主义理论在中国具有强大生命力就与马克思主义的中国化是分不开的。

理论创新能力以精神为基础，关系到人的精神寄托。为了给人的创新能力在理论层面的发挥营造一个良好与宽松的环境，我们需要尽量解脱思想上的禁锢，在“百家争鸣，百花齐放”的氛围中开展理论创新工作。从个体来看，人的创新能力首先发源于理论创新能力，如果一个人的创新能力主要集中在理论层面，其身份定位多是理论工作者；从团体来看，人的创新能力在这一层面的发挥的主体主要归属于科研机构、高等院校、艺术部门。

2. 方略创新能力

方略创新能力，是指对发展方略、方案、规划进行创新的能

① ［英］A. F. 查尔默斯，查汝强、江枫、邱仁宗译：《科学究竟是什么》，商务印书馆，1982 年版，第 37—38 页。

② 李军：《论思维方式的改变与理论创新——由古希腊原子论的产生说开去》，《理论界》，2008 年第 3 期。

力，没有这种创新能力，理论创新便会是永远落实不到位的空想战略。方略创新首先要求人的理念向利于创新的方向转化。理念左右人的发展欲、创新欲、成就感，也是激发创新灵感的精神生命的“火种”，在理念引导下，方略创新才能带来职能创新。

创新“本质上是一种对事物内在联系的新发现，或是知识信息内在结构相关因素的重新组合”，“其要害是生产要素特别是智力资源的重新配置。”① 对智力资源的重新配置就需要人发挥方略创新能力，使创意想法变成可以有条不紊实现的方略规划。方略属于实施前的准备工作，从这一点上看，方略本身就具有预见性、面向未来性和不确定性，同时，方略具有全局性、整体性的特点，故而，方略的制定对人的智力、信息综合、预知预见、临机决断等能力要求很高。

方略的特点决定了制定方略需要灵活，具体情况具体分析，因为情况总是在变化之中，按照原来的经验和套路在制定方略上具有很大的弊端，而且方略本身就具有前瞻性和机动性的特点，更是决定了方略创新的经常性和灵活性，这也决定了方略创新较之其他几类创新，具有更大的难度。发挥方略创新能力，从个体上看，是连接理论创新与实践创新的桥梁；从集体性质上看，其主体主要归属于管理部门。

方略创新体现在方方面面，从个人的事业规划到集体的职能转变再到国家或民族的战略调整，这些都需要发挥方略创新能力，以及时调整实践中的行动方案，做到应时迅变，从而使配置最优，避免事倍功半或南辕北辙的结局。为了更好地发挥方略创新能力，一方面，要把握社会发展、理想目标的变化趋势；另一方面，也要充实各类知识，以适应职责变动的需要。

① 汪浩：《关于创新规律性的探索》，《江西社会科学》，2002 年第 1 期。

3. 知识创新能力

知识是客观事物的属性与联系的反映，是客观世界在人头脑中的主观映象。随着时代的发展，人们越来越认识到知识对人的重要性，知识生产力已经成为生产力、竞争力和经济成就的关键，成为了创造性生产活动的驱动力。知识创新能力体现了创造、生产知识的能力，是知识生产力的先导。知识经济时代的本质表明：先进生产力的定向、定性、定位应该在“创知”上，创知生产力的强大生命力为经济发展的可持续性提供了可能性，也使“代表先进生产力”的思想具有可操作性。

随着时代的变迁，知识的性质也在发生改变，它已经从客观的、可表述的知识变形为主观的、构建性的知识。[①] 这种改变客观地要求人必须重视发挥知识创新能力，以应对时代变化提出的新要求。发挥知识创新能力，就要对落伍的知识进行更新，对传统知识进行升华，对急需知识进行填空。更新观念，终身学习，是适应知识经济时代要求的必然，目前知识的更新速度难以想象，只有不断补充和更新自己原有的知识，才能跟上时代的步伐。不懂得更新生产方式和创新方式的人会被社会淘汰，终身学习已成为个人立身社会不可或缺的支撑点。

在知识经济时代，知识成为发展经济的主导力量，“知识已经成为生产力的驱动因素和先导因素……知识由一般生产力向现实生产力转化的能力，这种能力又取决于创新能力的高低”。[②] 培根有一句名言：“知识就是力量”，这句话可以理解为知识在一定程度上代表能力，可以转化为生产力。知识和能力是互相促

---

① ［德］热罗姆·班德主编，周云帆译：《开启21世纪的钥匙》，社会科学文献出版社，2005年版，第248页。

② 孙向军：《知识生产力：历史演变与特征》，《教学与研究》，2004年第12期。

进、互为依托的，没有知识的能力很难达到高层次，没有能力的知识很难经起实践的考验。知识是人脑创造的产物，同时又是人进行创造的原料、工具和基础，是人具有创造能力及其他力量的源泉。

整体上讲，发挥人的知识创新能力，其方向是将单一学科的知识点、知识线、知识面转向多学科交叉的知识环、知识链、知识圈。从主体身份来看，知识创新能力的主体多归属于教育科研机构。

4. 技术创新能力

技术创新是指技术上的改进、物的突破，也指在工具领域，把某事物的功能作用从不可更改的变为可更改的。改进旧系统和创造新系统的技术创新与技术发明，是利用科学理论改造自然造福人类的实践活动。知识只有外化、物化为推动经济发展的新技术、新产品、新工艺、新服务与新产业，才能转化为现实的生产力，才能现实地成为影响社会发展的主导力量。

技术创新的重要意义无须多言，“科学技术是第一生产力”已成为深入人心的一句口号。从我国现实来看，我国目前的主要矛盾是人民日益增长的物质文化需求同落后的社会生产之间的矛盾，解决这个矛盾需要大力发展生产力，因而，加大科技创新的力度是当务之急。从历史发展的角度看，技术创新让人的力量变得强大，使人拥有了征服自然的工具和能力，而且技术创新也极大地推动了人类社会的发展。马克思曾经说过：“火药、指南针、印刷术——这是预告资产阶级社会到来的三大发明。火药把骑士阶层炸得粉碎，指南针打开了世界市场并建立了殖民地，而印刷术则变成了新教的工具，总的来说变成了科学复兴的手段，变成对精神发展创造必要前提的最强大的杠杆。”①

① 《马克思恩格斯全集》第47卷，人民出版社，1979年版，第427页。

技术创新能力比起上述其他领域的创新能力来，更有据可循，它所使用的方法侧重经验、试验，要求的是实用、经济、有效、可行。在早期阶段，技术创新方法已经通过标准、手册等规范工具，变成可以通过课堂学习和现场见习方式进行传授的技巧；随着技术的发展，技术创新方法进一步严密化、精确化、程序化，其中的大部分已经可以利用机器、公式来进行，避免了人的大量重复劳动，使人的智慧集中到更复杂、高难度和创造性更强的关键问题的解决，提高了工作效率和成功率。

技术创新能力是最为显化的创新能力，也是终端的创新能力，故而技术创新能力被许多人在实践活动中直接等同于全部的创新能力。卡西尔曾经说过："科学是人的智力发展的最后一步，并且可以被看成是人类文化最高最独特的成就……在我们现代世界中，再没有第二种力量可以与科学思想的力量相匹敌。它被看成是我们全部人类活动的顶点和极致，被看成是人类的最后篇章和人的哲学的最重要的主题。"① 这种说法有些偏颇和极端，正确的态度应该是恰如其分地看待科学和技术上的创新。美国著名心理学家 S. 阿瑞提指出："单单靠科学上的创造力是不能解决人类一切领域里的不幸和苦恼，甚至可能给世界上的生活增加潜在的危险。而在伦理学、政治学、社会学和宗教方面的创新能够回答……人与人之间的信任以及互相帮助而提出来的问题……要使生活达到一种很少可能发生不和与仇恨的那种崇高的水平，艺术、文学和音乐也是必不可少的条件。"②

如果说科学技术是知识经济的生命线，那么，人及其所依存

① ［德］恩斯特·卡西尔，甘阳译：《人论》，上海译文出版社，1985 年版，第 263 页。

② ［美］S. 阿瑞提，钱岗南译：《创造的秘密》，辽宁人民出版社，1987 年版，第 530—531 页。

的社会文化形态则是科学技术的生命线，而先进的思想、高尚的情操、坚强的意志等精神因素，就是生命线的生命线了。[①] 所以，在知识经济时代，不能一条腿走路，技术层面的创新固然重要，但是必须和其他方面紧密结合起来，才能实现持久、快速、健康以及有序地发展科技、经济与社会。

5. 制度创新能力

制度创新能力是对政治、经济、文化、科技、人才等方面的管理总模式进行改革、创新和完善的能力。计划经济时代的体制，由于民主性、多元性、宽松性、自创性、交叉性不够，严重影响人的创新能力的发挥，只有从制度上革新，向“一切为创新服务”转变，才能为理论创新、方略创新、知识创新以及技术创新提供保障。

制度对社会的各要素及社会的运行有着重要的制约与保障作用，社会发展的历史证明，只有进行制度创新，才能解放和发展生产力，从而不断满足人民日益增长的物质文化需求，使社会主义焕发生机和活力。上层建筑和经济基础对生产力的反作用，决定了制度创新是实现政治理论创建的保障。只有创立有利于广大群众发挥创新能力的制度，使“创者有其位”，才能实现整体、全局的创新局面。

许多社会不和谐音符均导源于制度缺失与制度不健全。我国目前的改革成果颇多，但是也暴露出了一些问题，例如城乡差距问题、三农问题、弱势群体保障问题、教育问题、环境问题，等等，这些问题能够长期存在，源于我们制度创新滞后所导致的制

---

① 高春梅：《创造力开发——决胜未来的选择》，中国社会科学出版社，2001年版，第79页。

度缺失和制度缺陷，[①] 解决这些问题的一个直接手段就是从制度上加以管理，以消除这些矛盾。只有发挥制度创新能力，加强制度创新，为社会运行提供一个完善的制度保证，才能为我国的现代化建设塑造良好环境，从而使其健康发展。从制度创新能力的主体来看，制度创新能力发挥的主体不像上述创新能力那样具有广泛性，主要归属于政府部门和权力部门。

在人的创新过程中，创新以理论创新为先导，以方略创新为承接，以知识创新、技术创新为结果，以制度创新为保障，形成一个有始有终、首尾相接、自我循环的良性体系。理论创新促生战略创新、知识创新，方略创新、知识创新为技术创新提供了可能，而知识、技术的创新发展到一定程度，必然促使理论、方略产生新的变化。这五个方面的创新能力相互作用和支撑，构成了人的创新能力的全貌。

（三）人的创新能力的典型特征

以上五个方面的创新能力，无论是哪个领域，都具备某些共同特点，这就是人的创新能力的一般典型特征。我们可以通过下面几个特征来把握人的创新能力，也只有具备这些典型特征，才能让人的创新能力真正地发挥作用。

1. 能动性

人的创新能力的启动来源于人的主观能动性，故而，人的创新能力的首要特征便是能动性，即主动性地利用客观条件并改造客观条件的特性。

人的创新能力是一个通过思维与实践的结合，自觉地、有目的地以及有计划地反作用于客观世界的过程，要对客观世界产生反作用力，即在客观世界有所创新、有所作为，必须发挥人的主

---

① 董振华：《创新：构建社会主义和谐社会的主题》，《理论前沿》，2005 年第 16 期。

观能动性。人的创新能力的能动性依据于对对象的本质认识，也依据于人自身的需要，是对人和对象世界之间的价值关系的认识和把握。

创新，不能被动等待或者一味地观望，不去发挥人的能动性，创新就落不到实处。人的创新能力的能动性不仅在于主动地去反作用于客体，而且在于思维的相对独立性。人的创新能力的作用本身就意味着不同于前人，不能单纯模仿，而是要发展独立思考、独立判断、独立得出结论的能力。思维的独立性并不意味对他人的观点不闻不问，而是不盲从前人的经验与已有的观点。在独立思考问题中积极地发挥自己的主观能动性，才能另辟蹊径，发现新问题，并找到解决问题的新方法。

2. 突破性

突破（to break through）的意思是打开缺口，突破不一定是创新，但创新一定有突破。在此，之所以把突破性列为人的创新能力的特点，是因为其在人的创新能力中的必要性——创新首先意味着对旧习惯、旧模式、旧布局、旧程序的改变和完善，这就是突破。突破意味着要发现问题、提出问题，发现已有的成果中存在的不足与尚未解决的矛盾。爱因斯坦说："提出问题比解决问题更重要，因为解决问题也许仅是一个数字或实验上的技能而已，而提出新的问题、新的理论，从新的角度去看旧的问题，却需要有创造性的想象力，而且标志科学的真正进步。"① 提出问题是科学研究的新起点，因为提出问题意味着看到了新的可能。提出问题实质上是对现实的否定性评价，这种否定性评价产生了创新的动力。人们是在解决一个又一个的矛盾中前进的，在矛盾中寻找突破、实现突破，才能推动事情的发展，使人类文明不断

① ［美］爱因斯坦等，周肇威译：《物理学的进化》，上海科技出版社，1962年版，第66页。

前进。没有突破性，事物就会处于徘徊、停滞、倒退的状况之中，具备突破性，才能打开缺口，从而具有创出“新生”的可能。

去突破，需要不断尝试。思想家波普尔的证伪主义认为科学不能被证实，只可能被证伪，证伪的过程在“问题——猜测——反驳——问题”中实现。证伪就说明要突破已有的，要不断尝试，以找到最有效的方法。孟子曾说过：“我虽不敏，请尝试之。”（《孟子》梁惠王上）这句话道出了尝试的重要性。人的创新能力在不断突破与尝试中得到锻炼和增强，其结果也是在不断突破与尝试中得到验证。

3. 连动性

人的创新能力是在人的后天创新实践中锻炼出来的，只有面对实践将创意转化为成果，才是能力的表现。为了达到创新的目标，创新能力需要方法上的支撑与技术上的支持，这是人的创新能力的连动性的一种体现，没有这个技术和方法上的支撑，人的活动就称不上能力，只是一个想法、意念而已。

而且，人的创新能力的发挥是在系统之中完成的，而系统内的各要素之间是相互关联的，故发挥人的创新能力不仅要求技术和方法上的支持，还要求支撑人的创新能力的技术本身是一个链性结构。由于事物的发展前后关联、相互影响，所以，发挥人的创新能力应该在链性、系统性思维的指导下完成，绝不能走一步看一步。人的创新能力的连动性体现着创新思维的透彻性、创新方法的可行性，同时也体现了技术的有效性。因此，能不能实现连动性对于人的创新能力来说至关重要，具有连动性的创新能力才是切实可行的创新能力。

4. 应需性

人的创新能力是应需而生的，人首先产生了需要，有了创新的冲动和必要，从而才产生了创新能力的主观实施可能和运用方向。

当现实不能直接地满足人的需要时，人便力求改变现实，以创造更理想的世界，这是人的创新能力发挥的动力来源。而且，应需性证明了人的创新能力的实在性和唯物性，即人的创新能力根据实践中的需要而来，来自于对新问题的解决，创新不是随想臆断，也不是没有意义和章法的行动。应需，在此有两种解释：(1) 顺应（人们的）需要；(2) 拟应（人们的）需求，拟应是指提前预见并掌控式地来反应。对于人的创新能力来讲，顺应人们的需要来施展人的创新能力与拟应人们的需求来发挥人的创新能力是两种不同的方式。它们的区别在于一“含”一“潜”：前者来源于人们现实中迫切需要而尚未实现的目标，并以此发挥人的创新能力；后者关乎引动人们的潜在需求，针对“潜需求”发挥人的创新能力，比起前者，思维更具超前性。满足人们的“含”、“潜”需求，是人的创新能力得到“显”化的必经之路。

5. 贯通性

创新是建立在一定条件之上的，而不是与现有条件完全脱离。这里的贯通性，指人的创新能力是从思维到实践的贯通过程。首先，人们在思维层面产生创新的“火花”，运用思维的综合能力与分析能力，将创意固定与整合，然后这个创意再从思维层落到实践层，从人的“大脑”落实到人的“手”和“脚”，从理论层面贯通到行动层面，这才算是人的创新能力完成了一个整过程。其次，人的创新能力在每个层面中也都需要贯通性。对于大脑的“运转”来说，如果把大脑比作一台机器的话，那么，不具备“贯通性”的大脑，就是生锈的机器，或者是“卡壳”的机器。在行动中，实践行为也是步步相连的，哪怕一个小环节出现堵塞，都将妨碍人的创新能力的正常发挥。发展的可持续性、赢远性——既赢在现在也赢在未来，离不开创新的连贯性的作用。①

## 二、人的创新能力的立足点

宏观的自然界是一个大系统，我们可称之为生态链。在一个系统中，各个要素都是相互影响和作用的，对于生态链这样的大系统也不例外。人在整个生态链中不是孤立的，人的所有行为都要受到外界环境的影响，或是限制或是促动，“自然既是自为的存在又是为人的存在和人为的存在，人类既是自主的存在又是为人的存在和为自然的存在”。② 人的能动性不能随意发挥，其背后是整个生态链的作用和运行。所以，对人的创新能力的研究应以人与自然共同构成的生态链为背景，立足于人的生态属性，并以此来调节人的自然属性与社会属性的冲突，更好地促进人的创新能力的发挥与提升。

（一）创新须注意人的本质与人的生存环境的内在统一性

人在这个世界上，与其他的物质一样，无时无刻不在进行着交换，如材料的交换、能量的交换和信息的交换。这种交换是一种相互作用，人在这种交换活动中的特殊性就在于人具有能动性和自觉性，从而导致这种交换活动的结果使实践对象人性化和人的对象化并存。从这个意义上说，人的创新能力不可能空穴来风地进行，而是来自于自然并作用于自然。外界环境对人和人类社会都有重要影响，其原因不仅在于它是人类的生存环境，而且在于人的本质与人的生存环境具有内在统一性。

---

① 以上分析参见拙作：《对人的创新能力的哲学思考》，《晋阳学刊》，2009 年第 3 期。

② 刘大椿、岩佐茂主编：《环境思想研究：基于中日传统与现实的回应》，中国人民大学出版社，1998 年版，第 73 页。

发挥人的创新能力，需要突破旧规，需要闯入禁区，但这些行动不是随心所欲的，创新的自由具有必然性，只有当人们遵循周围的世界和自身组织的秩序规律时，创新的自由才能实现。尊重并遵守客观规律，是人发挥创新能力的前提。即便是人的意识能够反作用于客观事物，意识也不能无所障碍地随意作用，否则便会造成严重的破坏性。工业文明在给人类带来极大福利同时，也带来了已经显露的和有些现在仍无法估计的破坏，比如环境污染、资源危机、人口爆炸、生态失衡，等等，危及了人类的生存和发展。可以认为，20世纪最伟大和最深刻的发现，就是人类对自己生存危机的发现。人与自然的关系需要重新界定，对此，许多有头脑的思想家都有清醒的认识。海德格尔认为，技术既有积极的一面，也有消极的一面。无限制的技术化的灾难后果，是人的存在的丧失，也是人的全面的异化。人不是存在的主宰，人是存在的看护者，人类应当建立人和世界、自然的新型的和谐关系。马克思主张人与自然界的和谐相处，“社会是人同自然界的完成了的本质的统一”，“是人的实现了的自然主义和自然界的实现了的人道主义”。[①] 对待自然决不能只从自己的需要出发，随意索取，更不能任意掠夺。不能把自然界仅仅当作人类主体征服和支配的客体，当物化了的自然沦为纯功利的对象服务于人时，亦必会使人沦为纯粹的物，[②] 这样不仅会导致人与自然关系的异常，也会导致人与人之间关系的功利化。看不到人的本质与人的生存环境的内在统一性，就会犯人类至上主义和盲目自大的错误，最终还是人类自食其果。

系统科学的整体思维观使人们意识到考察事物应该将对象放在整体之中，从系统各个部分在整体的相互作用和相互影响中进

---

① 马克思：《1844年经济学哲学手稿》，人民出版社，2000年版，第83页。

② 邹广文：《当代文化哲学》，人民出版社，2007年版，第177页。

行综合认识，人在生态链中也是如此。在人与自然的关系中，应该是以生态链为中心，人与人之外的单纯自然界都是生态链中的一分子，人与自然之间相互作用、相互提供，“社会化的二分共同结合的生产者，将会按照合理的方式调节他们与自然之间的物质变换，把它安置在他们的共同管理下，不让自己受一种盲目力量的统治，并用能力最小的消耗，在最无愧于人的，最适合人性的条件下完成”。[①] 人类必须摆正自身在自然界中的恰当位置，在以往的观念中，既有人类中心论也有自然中心论，这些观点都有失偏颇。当从“类”的角度去研究人时，人类成为一个利益共同体，人处在自为状态，人与自然在互补的平台上相互作用，这种观点克服了人类个体中心主义，有助于人与自然关系的和谐。

马克思认为人的肉体生活和精神生活均同自然界相联系。从本原上看，“人直接地是自然存在物”，是“能动的自然存在物”；[②] 从人的生存和发展看，自然界的物质交换活动是社会的基础；从人与自然的相互作用看，人的活动不能超越自然所能接受的限度，不能违反自然规律。人属于自然，自然也属于人，人和自然最终必将走向一体存在。[③] 人不能简单地对待自然界，认为人征服自然界的能力是无限的，不尊重自然界本身存在与发展的权利，这种对自然界的“人化”，就会产生自然界的“异化”，大自然会反过来加倍地报复人类。

一方面，人发挥其创新能力是必然的，因为人要适应环境就必须创造和创新；另一方面，人的创新又不是毫无限制的，自由

---

① 俞可平：《科学发展观与生态文明》，《马克思主义与现实》，2005 年第 4 期。

② 马克思：《1844 年经济学哲学手稿》，人民出版社，2000 年版，第 105 页。

③ 高清海：《找回失去的“哲学自我”：哲学创新的生命本性》，北京师范大学出版社，2004 年版，第 247 页。

不可能没有限度，否则就会受到环境的惩罚。创新具有合目的性，人应在不破坏生态及最大化利用生产资料的条件下进行创新、创造活动。人和自然和谐是对“人的本质力量的新的证明和人的本质的新的充实”,[①] 现阶段，人类的能力更多地体现在人类在改造自然的过程中与自然协调、持续创新、持续发展等方面。所以，应在肯定人与自然互补及统一性的前提下，充分发挥人的积极能动性，使人类的活动保持在一个合理的阈限内。

（二）从人的生态属性发掘人的创新能力

以往，我们谈及人的属性主要指两点，一是自然属性，二是社会属性。人的自然属性是人的基础性属性，是人类存在的物质前提。社会属性是人在后天的实践活动和交往过程中建立起来的属性，没有社会属性，就没有人与动物的本质区别。

随着人类改造自然界能力的增强和范围的扩大，人类在征服自然界的过程中毁掉自身生存家园的事情在不断上演。在对现代化的反思中，许多有识之士提出了对自然属性的重视与回归，“佛是饿即吃困即睡，则与道家顺任自然、率真适性的体悟相似……是我们在心灵解脱的探讨中已行之有效的途径……现代社会所讲自然属性需要在此处汲取营养”。[②] 但究其本质会发现，他们提的并不是对自然属性的回归，而是对生态属性的发掘。人的生态属性是人对自然界规则的认知、遵守与仿效。自然界的很多规则，人首先是要去认知的，其次是人要知道主动、积极地去遵守，而不是叛逆这些规则。人的创造部分其实来源于对自然规则的仿效、对生态链的深一步发现。人的创新能力的表达，体现是大自然“生化万物”的本性，人的生命不过是大自然“宇宙

---

① 《马克思恩格斯全集》第42卷，人民出版社，1979年版，第132页。

② 刘洋：《“冲突与和谐”——对人的“自然属性”的现代性反思》，《兰州学刊》，2008年第4期。

生命”（即“天道”）的富有意识的形态，通过人的生命活动能够使自然的生态秩序从自发逐渐提高到自觉，这应该就是人的生存价值。①

站在人与自然构成的整体上去看，人的生态属性是从人的类本性出发得出的必然结论。从“类本性”看人，人是一个整体，是生态链中的一个特殊组成部分，人的性质是在生态链这个大环境中形成的，并由生态链决定。生态链是一个链性系统，它按照一种合乎多方面自洽的规律在向前发展，其中每个环节和要素都在相互影响、环环相扣。激发人的创新能能力、完善人的创新能力不能离开生态链这个大背景，也就是说，必须从人的生态属性上去看待人、分析人，才能更好地把握人的创新能力。人的生态属性体现出的系统性、与外界环境一致性、链动性等性质，使人的精神在思维框架上构成链环，没有漏洞，使想象力本身具有充实性。《文子·上礼》中说：“循性而行谓之道，得其天性谓之德”，即我们应该站在人与自然互补统一的平台上，从“天人合一”的角度来发展自己，同时也优化自然。

站在人的生态属性上看自然界，人与自然界是互补关系，人不是自然界的主人也不是仆人，而是合作友人，人应该主动地发挥人的主观能动性去模仿大自然的规律，使创新符合客观规律。人的创新能力不是凭空产生的，离不开仿生、模拟，而对大自然的仿生、模拟在生态属性的平台上才具备客观性，才能生发新的感知。生态链为人们提供了许多可以借鉴的宝藏，比如“将生物35亿年进化的结果作为发明的参考；将35亿年演化形成的生物多样性作为技术方案选择的宝库；将35亿年演化形成的生态协调体系作为发展生态环境协调、可持续发展技术的宝贵教材；

---

① 高清海：《找回失去的“哲学自我”：哲学创新的生命本性》，北京师范大学出版社，2004年版，第209页。

将35亿年演化形成的生命遗传、发育体系作为自复制、自补偿、自组装、自生长、自适应、自调控技术的天然蓝本……”① 人类遇到的许多难题都在对大自然的模仿和模拟中找到了答案，尤其是在技术创新领域，例如广为人知的雷达的发明源于对蝙蝠超声定位的模仿，电子蛙眼已经被成功运用在了机场和交通要道上，盲人用的“探路仪”来源于蝙蝠超声定位器的原理，等等。

但是，人们目前对大自然的仿生的范围过于狭窄，主要集中在了技术领域。技术创新固然重要，其他领域的创新和研发同样具有重要意义。人的创新能力在诸多方面的开启都可以参照大自然的运行规律，荀子曾说过：“君子之于天地万物，不务说其所以然，而致善用其材”。（《荀子·君道》）站在大自然生生不息的自协调、自演进的角度上看，我们对大自然的了解太少、太浅。人类碰到的许多问题，无论是制度制定还是经济运行都可以沿着整个生态系统的运行规律寻找答案。张岱年先生“天人论”的大创造观指出，人的自觉创造的内容，在于“调整自然，参赞化育，改造自然与人性，以达到理想境界”。人的创造的作用，“在于自觉参加于宇宙创造大流之中，而赞助自然的创造”。②

概括地说，人及外界环境都是一种存在，存在分两种——已然存在与未然存在。把握存在很难：因为它不只是对物的存在，同时是对人的存在，即包含着人的关系在内；不只是必然性的存在，同时也是应然性的存在，即牵连着人的价值追求；不只是现实性的存在，还包含着可能性的存在，即从本质来说这是属于人

---

① 路甬祥：《仿生学的意义与发展》，《科学中国人》，2004年第4期。

② 张岱年：《心灵与境界》，陕西师范大学出版社，2008年版，第203页。

们开拓新天地的创造性活动,[①] 可见，其中难点在于对未然存在的把握。未然虽然在现实中还不存在，但是其种子已经在萌生运动了，所以，面对存在，如果仅仅看到了已然存在看不到未然存在，就会丧失对未来的把握力。面对未来，面对未然存在需要人的创新能力，但预测、预见、创见必须依律而寻，人的生态属性就是提供在整个生态系统运行规则的基础上发挥人的主观能动性以预测未然存在的依据。对未然存在的探知离不开人的生态属性，仅仅靠自然属性，人们是在已然存在的控制中，依赖社会属性，人们是在试图掌控已然存在，只有生态属性之上，人们才开始了对未然存在的探究和预知，在生态属性上对未然存在的探知与仿生是人的创新能力的发源地。

（三）协调人的自然属性与社会属性的冲突，更好地发挥人的创新能力

人的自然属性和社会属性在人的发展中具有不同的作用，只注重其一会造成人类实践行为的不当。过分注意人的自然属性会导致人的主观能动性的低迷，陷入对自然的崇拜之中，从而阻碍社会的进步和人类的发展。马克思对此说过："这种自然宗教或对自然界的特定关系，是受社会形态制约的，反过来也是一样。这里和任何其他地方一样，自然界和人的同一性也表现在：人们对自然界的狭隘的关系制约着他们之间的狭隘的关系，而他们之间的狭隘的关系又制约着他们对自然界的狭隘的关系，这正是因为自然界几乎还没有被历史的进程所改变；但是，另一方面，意识到必须和周围的人们来往，也就是开始意识到人一般地是生活在社会中的。"[②] 基于这一点，许多人提出人的社会属性才是人

① 高清海：《找回失去的"哲学自我"：哲学创新的生命本性》，北京师范大学出版社，2004 年版，第 43 页。

② 《马克思恩格斯选集》第 1 卷，人民出版社，1972 年版，第 35 页。

的本质属性，这是因为人的社会属性将人与其他生物区别开来。

但是，过分注重人的社会属性而忽略自然属性会导致人对自然界的践踏和任意征服，陷入“人类中心主义”，使人忽视客观规律而肆意妄为，导致外部环境的恶化与自身发展的断链，形成人与自然关系的异化。人们对自然界的改造表面上取得了主体正效应，但本质上往往不抵自然界反主体的负面效应，造成人与自然关系的破缺，人的发展虽然短期快速却很难持续。人在改造自然时，必须具有生态意识。[①] 所以，应实现人自身的革命、转变价值观念和相关的行为方式，用理性、道德的眼光同等地看待自然于人，实现从“不顾自然的人类发展”模式，转变到“人与自然和谐相处的发展”模式。人的社会属性是在改造自然的过程中形成的，人的全面、自由解放也只能建立在尊重规律、积极地顺应自然的基础上才能实现。[②]

只有站在人的生态属性的立场上，人才能够在与自然和谐相处的过程中实现人的自身进步与自然的良性发展。当人们以自然属性为主导时，人是自然的从属物，人的创新能力基本上会处在冷冻状态；当人们以社会属性为主导时，人是社会的从属物，人的创新能力的发挥易有偏颇倾向；当人们以生态属性为主导时，人是自然和社会的中介点，与自然是互补关系，人的创新能力能够将符合客观规律和发挥主观能动性和谐地结合起来，并正确发挥作用。人的社会属性和自然属性的协调发展需围绕一个中心点——人的生态属性而展开，以实现人与自然的和谐，以及人的自我价值与社会价值的统一。

① 梁东兴、黄友牛、郑芳：《马克思恩格斯的实践观与生态和谐》，《理论月刊》，2007 年第 7 期。

② 周玉玲：《生态文明与马克思恩格斯自然观的再认识》，《马克思主义与现实》，2008 年第 2 期。

人类如何在社会历史的发展中不断实现人和自然的统一，这既是马克思唯物主义所关注的中心问题，也是现代人类所面临的迫切问题，[①] 这个统一的平台就是发掘出人的生态属性。以往，我们总在研究自然属性与社会属性二者的关系，但是，人类目前遇到的生态危机、人与自然的矛盾加剧等问题促使我们对人的研究还要加上人的生态属性这一认知，站在生态链这个大平台之上看待和分析人类以及自然。自然属性、社会属性、生态属性三者属性关系的新认知，已经成为哲学不可回避的问题。仅面对人的自然属性和社会属性的关系，我们容易陷入矛盾之中，可是当我们用这三种属性重新思考这一问题时会发现，矛盾是其中的现象，协同并举才是真正的本质，也就是说，人的自然属性、社会属性、生态属性是协调并举发展的，既不是孤立地发展某一种属性，也不是一种属性战胜另一种属性，而是人的自然属性与社会属性以生态属性为主导，三种属性和谐作用。在这个框架中，人的能动性、创新性的发挥既适当又具有前瞻性，既能调节自然规律的作用，又通过人的行为协助自然的变化，从而达到循道而行——“裁成天地之道、辅相天地之宜”（《易经·象传》）的状态。

---

① 刘伟、付文佳：《浅析马克思的唯物主义自然观——立足于社会考察自然》，《江苏工业学院学报》（社会科学版），2008 年第 4 期。

# 中篇　哲学视野中的人的创新能力理论

哲学视野中的人的创新能力有着不同于其他学科的分析框架与内容，在上篇对人的创新能力已进行学理分析的基础上，本篇主要从四个方面对人的创新能力进行了哲学视野中的剖析：认识论、实践观、历史唯物观和方法论。认识论中研究人的创新能力，着眼于人的创新能力的前端——创新认知的内涵，分析了创新认知的要素以及创新思维与认识的深化对产生创新认知的重要性。从实践的观点分析人的创新能力，需要研究人的创新能力与实践的关系，实践对人的创新能力的重要意义以及怎样的实践会产生人的创新能力。在唯物史观视野中看人的创新能力，需要从历史发展的纵向角度，分析人的创新能力的历史价值和其发挥作用时的方向及目标。研究方法论视野中的人的创新能力，一方面是要明晰创新方法的重要作用，研究人的创新能力发挥需要怎样的方法论做支撑，另一方面，也要分析人的创新能力应对多元化的时代趋势的独特优势。

# 第一章　人的创新能力的认识论考察

## ——创新认知的内涵

人的创新能力的哲学分析应首先在认识论中进行，因为实践的前期准备工作是认识来完成的。正确的实践依赖于人对认识客体的全面把握与提前预知。全面的认识是全息性认识，它有助于人们开展创新活动，使其胸有成竹地发挥人的创新能力。得到全息认识的关键和难点都在于如何发掘未然存在，以形成创新认知——这是人的创新能力作用的前奏。创新认知以创新思维为依托，并通过认识的深化，延伸认识路线来实现。

创新的成果是在创新思维的框架下得到的，创新思维是创新主体从事的系统的复杂的高级的思维活动，它要综合运用各种思维形式。逻辑思维和形象思维、正向思维和逆向思维、求异思维和求同思维、发散思维和收敛思维、单一思和综合思维等都是创新思维的基本形式。创新思维是逻辑思维和非逻辑思维的整合，创新思维就意味着对习惯性思维束缚的突破和跃迁。

### 一、创新认知的思维前提

创新型人才是具有创新思维、能够用新方法解决新问题的新型人才。思维对人的影响重大，“心之官则思，思则得之，不思则不得”（《孟子·告子上》）。思维方式不同，面对同样的认识客体就会得出不同的认识结果。但是，人们的认识容易受到以往认识经验的局限，即当一种思维固定之后，人们出于对经验的信任，总是习惯于依赖这个经验，以致于人们的意识和行动被习惯性思维左右着，难以形成创新认知。故而，要得到创新认知，首先要突破习惯性思维，进而建立创新思维。

（一）习惯性思维对创新思维的束缚

创新性认知是人的大脑的产物，其产生需要创新思维的支撑。思维在口语中常被称为“思考”或者“想”，是人们在头脑中运用概念进行分析、综合、判断、推理等活动的认识过程。“学而不思则罔，思而不学则殆”，这句话充分说明了思维对人类的重要性。在人类的思维中最重要的是创新思维，人们运用创新思维能力，看到天然的森林大火而想到保存火种，进而钻木取火；运用创新思维能力，人类首先在头脑中设计出千万种自然界并不存在的东西，并发挥自己的创新能力把这些创意变成了实实在在的现实，从那个茹毛饮血的时代走出来，创造了一个以人类为主导的新世界。①

创新思维是人类思维的高级形式，概括地说，创新思维方式是人们为了达到创新的目标，在对传统思维方式进行反思的基础上，用以解决新问题的一种崭新的思维活动方式。创新思维方式可以是思维路径的创新，也可以是思维模式的创新或思维结果的创新。对于任何一个人来说，无论是高明、独到的见解，还是新的科学决策，这些创意的出现都是在一个没有现成的模式可直接利用、不存在确定的规则可以遵循的情况下形成的，这就要求人们必须从实际出发，在前人的经验与基础上产生新见解、新发现、新突破。在发展过程中，人们面临的事物不仅是具体的，也是复杂的，不仅是以前出现过的，更多的是历史上没有的，任何一种思维方式，只能产生一种解决问题的办法，因而具有局限

---

① 崔义中主编：《创意学》，陕西人民出版社，2002 年版，第 6 页。

性。面对各种各样的问题，任何一种创意的出现，都需要多种思维方式的碰撞与融通。思维方式转变的幅度越大，解决问题的方法也就越多。思维方式上的创新，是理论创见的先导，是实践创新的先导。创新思维具有很强的灵活性与变通性，能够突破已有思路或某种固有的模式，从实际情况出发转换角度，多方位地寻求解决问题的途径，以不断修正已有方案，从而得到创新成果。所以，拥有创新思维的人具有丰富的想象力和创造力，能够打破常规、创造性地思考、实践。

现实行动中的创新障碍首先是来自于人的思维上的弊病，对于创新而言，习惯性思维是其首要障碍物。习惯性思维，是指人的思维模式具有了相对的稳定性，对人的思维活动构成了一定的束缚，使人跳不出固有的模式，总以模仿已有办法来解决现有问题。对于人的思维而言，某种思维方式或思维路径一经形成、固定，便成为人们认识事物的模型，成为社会思维方式的准则，很容易潜移默化地影响和制约着人们的思维方向和结果。比如，在我国传统文化背景的熏陶下，对一个人做出评价的时候，往往首先考虑的是他的品行问题，德是第一位的，能是第二位的，这便是习惯性思维的一个典型案例。影响了中国以后三千多年发展的商鞅变法，在刚开始实行时就遇到了重大打击，原因是“民曰不便”，虽然商鞅变法最终取得了成功，但是在我国历史上的多次变法和改革，例如王莽、王安石等人的变法运动均以失败告终，其受阻的一个重要理由就是“民曰不便”。“民曰不便”的背后是习惯性思维在作用。

习惯性思维同惯性思维不同，惯性思维是指在思考一个比较确定问题的过程中所呈现出的持续性。[①] 习惯性思维易让人形成

① 王卓民：《论惯性思维与认识效率》，《山西师大学报》（社会科学版），1998 年第 3 期。

既有的套路，而传统的套路可能会阻碍创新。人们在长期、重复地从事某一类工作、解决某一类问题的过程中，常常形成自己特定的思维基点和思维路径，长此以往，各种思想、方法便在大脑中沉淀成固定的思维锁链。每当后起的思维活动开始时，这种思维锁链就有一股强大的惯性力，能在思维活动中的各个要素之间再现已有的联系，把思维活动纳入固定的模式和轨道，使之按照既定的程序来进行。① 习惯性思维有提高认识效率的积极的一面，但往往更具有抑制思维效率的消极的一面。从好的方面看，习惯性思维能将事情简约化、线性化，对于处理重复性、普遍性的问题十分有利，能够防止思维活动中不可避免的意外干扰，保持客观认识成果的稳定性；从另一面看，习惯性思维容易将思维僵化，抑制了创造性，使思想缺乏变动性和灵活性。法国著名生理学家C·贝尔纳指出：构成我们学习的最大障碍是已知的东西，而不是未知的东西。提高人的创新能力，必须更新观念，用创新思维代替习惯性思维。

创新思维对于现有局面来讲，其突出特点是新颖性，即能得出崭新的观点、认识，并具有独特性，是前人、他人均未有过的。而在习惯性思维中，思维活动由于先前的活动而形成了一种特殊的心理准备状态或活动的倾向性，总是从既定角度、起点出发，关注思维对象的特定方面而无视思维对象的其他方面。习惯性思维带来的思维定势会阻碍创新思维的发展，因为这种思维定势一旦形成必将趋于固定化，甚至变成僵化的思维模式，从而限制主体思维领域的拓展，降低思维敏捷度，削弱思维能力，使主体不能够完整、准确、快捷地把握对象，导致思维整体功能的弱化。在条件、外部环境等均不发生改变的前提下，思维定势可以使人们应用已掌握的方法迅速地解决问题，但是当新问题出现或

① 梁作民主编：《当代思维哲学》，人民出版社，2003年版，第170页。

者情境发生变化时，它却会妨碍人们产生或采用新的解决方法。习惯性思维会把创新的冲动和意念束缚在传统固定的模式里，因此，我们必须打破思维定势，用“闯禁”的精神寻找新的思维途径和方法。许多禁区并不是客观障碍，而是主观设置的，前人的辉煌固然值得敬仰，但不应成为我们进步的禁锢。

创新思维是一种能够获得新知识并产生新颖的思维成果的思维活动过程，是通过创造性思维活动进行思维创新的过程，而习惯性思维则是运用先前已经获得的知识和经验解决问题的思维活动过程。这两种思维的实质区别是思维的自发性与自觉性的区别。也就是说，习惯性思维不主动寻找其他更好的方法，自发地沿袭已有的方式、方法，对自己已运用的思维路径与方法自发地相信；而创新思维不从确信的、固有的传统思维习惯入手，自觉地坚持多种思维方式，从多方面进行比较，超越以往的思维习惯，自觉地去运用想象、形象、直觉、逻辑、非逻辑、发散、聚合等思维方法，这些都体现了创新思维的自觉能动性的特征。

当然，正确看待创新思维和习惯性思维，必须注意一个问题，即需要处理好新与旧的关系。创新不是胡思乱想，不是无据可依。新与旧是对立统一的辩证关系。新正是在旧的基础上创造、蜕变出来的，没有离开原有条件的“新”。[①] 人们常说“破旧立新”、“除旧布新”、“青山于蓝而胜于蓝”，但是，真正的新与旧的关系应用“辟新续旧”来形容，辟新的同时不忘续旧才是协调、和谐的方法。面对习惯性思维，我们要分别用扬、弃、传的态度来对待，一边开辟新思路、新方法，一边传承有价值的旧方法，还要坚决抛弃无用的、对现在和未来的局面形成阻碍的旧模式。我们不仅需要明确新不是绝对的，还要懂得新出于旧，

① 何可造、郑孟煊：《创新思维是人类的高级思维》，《广东行政学院学报》，2004年第1期。

新是对旧的扬弃，既对旧有继承、又对旧有发展、变化，“辟新续旧”是我们处理新旧关系的总原则。

（二）从习惯性思维向多元思维方式跃迁

为了实现辟新续旧，既传承习惯性思维的益处，又不让其成为创新活动的障碍，道路只有一条，那就是人的思维要从习惯性思维向多元化思维跃迁。只有让人的思维从封闭向开放，从固定走向多元，才有助于推动创新行动的发展。世界是多样性统一的，思维同样需要多样性统一。多样化的经验有助于克服因习惯性交流而形成的诸多限制。[①] 思维方式的单调化和直线化，是人们创新的最大障碍，从一元思维向多元思维的跃迁是突破习惯性思维的良径。思维方式是人类进行创新活动的主要工具，创新工具简单、低级，就很难创造出复杂、高级的成果。

创新思维是一种非常规的思维，它是对多种思维方式的综合、灵活运用。与一般思维方式有所不同，创新思维往往是通过对复杂思维过程的分析判断，在必然中发现偶然，在偶然中寻找必然，从而使人们产生独到的见解和大胆的决策，取得意想不到的创造性成果。创造性的思维过程必然包含着直觉的洞察与灵感的迸发、想象的发挥与模型的构想、类比的跨接与思路的外推、归纳的概括与假设的试探、演绎的联接与溯因的沟通、分析的还原与综合的归纳、反馈的利用与控制的运筹等，最后通过不断地试错与逼近，形成新的概念框架和理论体系。[②]

通常人们所说的思维方式，多指广义上的逻辑思维。逻辑思维是指人们在认识过程中借助于概念、判断、推理等思维形式能动地反映客观现实的理性认识过程，又称理论思维或抽象思维。

---

① Simonton, D. K. Creativity: Cognitive, Personal, Developmental, and Social Aspects. Amercian Psychologist, 2000, pp. 151 – 158.

② 崔义中主编:《创意学》，陕西人民出版社，2002 年版，第 13 页。

逻辑思维方法主要有归纳和演绎、分析和综合以及从抽象上升到具体等。但人类的思维材料与思维方式决不是单一的，而是多元化的。在逻辑思维方式以外，我们还应该积极寻找其他思维方式。多种思维相结合乃是人类的最佳思维方式。① 多元思维可以将不同领域的各类信息、各种知识统合、重组、重振为新的智能与创意。建立多元化思维，就是要充分运用逻辑思维和非逻辑思维的多种方式，充分运用发散思维、聚合思维、逆向思维、辩证思维、形式思维等思维分析法对认识对象、实践对象进行分析，提炼出创意点。

在创新思维中，多种思维方式都是不可或缺的，无论是人们常用的或者是人们还不太熟悉的。在多元化思维体系中，发散思维力求考虑到对象的各要素和对象发展的各种可能性结果，多角度地联想和思考，可以让人们充分发挥想象力，从一点向四面八方想开去，不依常规，寻求变异；逆向思维则是面对思维对象，从相反或相对的角度去思考，关注其微小、潜在甚至相反的可能性，从而引起新的思索，产生超常的构思和不同凡响的新观念；聚合思维主要是对来自不同角度的复杂信息进行收敛、聚合，筛选出最有价值的立意点。为了达到创新思维的效果，必须灵活运用多种思维方式，在思考的过程中，逻辑思维、聚合思维、求同思维等都是必要的，但直觉思维、发散思维、求异思维则更能激发创造的火花。面对现实中出现的问题，我们要充分运用逻辑思维和非逻辑思维的交叉、聚合思维和发散思维的统一、求同思维和逆向思维的互补，建构新的思维模式，使思维认识更加富有创新性，提高人们的创新素质。

在实践过程中，我们要学会辩证的、逻辑的思维方式，多方面、多层次、多角度、多方位进行思考，尽量避免形而上学的、

① 王南：《多元思维论》，《学术研究》，2007 年第 11 期。

线性的思维方式；还要利用思维方式的多元化，从非逻辑思维、发散思维等中找出理论突破的契机。为了达到最佳的思维效果与实践效果，应突破习惯性思维对人们的限制以及单一思维论的狭隘局限，大力发展多元思维，使多种思维方式能兼用并举，各就各位，各谋其政，互相反馈，以全息思维来把握外部世界的全息内容，以创新思维武装我们的头脑，从而培养出一大批具有较强的抽象力、想象力和创新能力的创新型人才。

（三）逻辑思维与非逻辑思维的整合

创新思维是一种综合性思维，这种思维的关键其实在于整合逻辑思维与非逻辑思维。逻辑思维要求人们按照逻辑规律从已知推出未知，非逻辑思维则是发挥了各种非逻辑因素，比如情感、意象、直觉、灵感以及经验、联想、想象、猜测、美感，等等的作用，以寻找答案。情感、意象等非逻辑因素虽然不在逻辑思维的过程中，但却能对思维的结果产生至关重要的作用。

既然是人的创新能力，说明其作用过程或结果是非常规的，从这个意义上讲，非逻辑更利于创新。但非逻辑肯定叛逆逻辑，如果不反叛逻辑人就无法创新，从逻辑能力到创新能力，有一个过渡点，这就是非逻辑，非逻辑思维反映了事物存在方式、联系方式、运动方式以及发展道路等的多样性，是非逻辑协调了逻辑能力和创新能力。

创新始于对现有逻辑的不满，于是开始创新，创新必须用非线性逻辑寻求突破。但是要实现设定的创意，措施要显现效果还必须要回到新的逻辑上，才能见到实际成果，让非线性逻辑和线性逻辑交叉整合才是正确的方式，一个实际的思维过程往往就是这“两条道路”的双向交叉和整合过程。① 太注重逻辑势必遏制

① 余秀彬：《试论形象思维与抽象思维的协同性》，《社会科学战线》，2008 年第 1 期。

创新；不顾逻辑的创新，又无法产生效果，容易眼高手低，创意成为不了创力。把非线性逻辑和线性逻辑摆到同等重要的位置，提高认识，才既不会呆板刻板也不会无所固定，才能科学预测最终结果，做到心有定数。

逻辑思维和非逻辑思维，这两种思维是性质特征完全不同的思维形式，一方面，非逻辑思维在创新的过程中起着点睛的决定性的作用；另一方面，逻辑思维则具有重要的基础、平台作用，从一个问题的发现与提出，到对现象的描述、概括，再到对非逻辑思维结果的补充、解释和系统化理论的建立，都离不开逻辑思维的作用。走逻辑思维方法与非逻辑思维方法互补之路，既是现代思维方法发展的趋势，又是人们思维方法共同发展的大趋势。①

离开了逻辑思维，人的创新能力很难形成，有了逻辑思维的前提，才可能推陈出新。但若仅以逻辑思维考察事物的发展，便会出现单一性、简单化的错误，思维刻板，不能灵活的解决问题，更不必说出奇制胜了。非逻辑思维的作用就在于它可能不是主体，却是关键一笔。非逻辑思维能够把问题曲径引申、曲径还原，能够形成叠合交叉、轮替主次的、立体化的思路。离开非逻辑，仅仅依靠逻辑思维，在面对现代复杂社会庞大的矛盾群时，就很难找到解决矛盾的钥匙。单纯地定义逻辑思维或非逻辑思维在创新性思维中的绝对重要性，是不客观的。这如同画龙点睛一样，逻辑思维是已经成形的龙身，而非逻辑思维在许多情况下起得是点睛的作用，这两种思维缺一不可。

逻辑思维和非逻辑相互辅助、交叉作用，逻辑思维让人在已知规律的道路上不断探索，但是非逻辑思维的灵活性可以在“山穷水尽疑无路”的时候，让逻辑思维可以“柳暗花明又一

① 杨名声、刘奎林：《创新与思维》，教育科学出版社，1999 年版，第 209 页。

村”。逻辑思维要达到自己认识的终点，需要有灵感（非逻辑）思维的协助；而灵感思维的闪现，又要以逻辑思维作为前提，两者互相依存，前者表现为思维过程中量的积累，后者表现为思维过程中质的飞跃。① 整个创新思维是在逻辑思维与非逻辑思维的整合中完成的，并在逻辑思维与非逻辑思维的交互、交叉作用下持续进行。

## 二、创新认知的要素

人的创新能力虽立足于现实，但面向的是未来，其在现实中的作用应瞄准未来，这样才能时时踏在引领时代的轨道上。达到这样的效果要求人类的认识属于全息认识——不但能够认识历史和现在，而且能够认识未来、预见未来。可见，创新认知的目的是得到全息认识，得到全息认识必然需要创新认知的形成。

从生态属性生生不息的特性来推断存在的性质应该是全息的。全息，简言之，就是“所有可信的讯息”。全息意味着不仅包括了历史的与现实的信息，还包括现实中虽没有出现但蕴含在未来中的走势信息。历史、现实、走势信息包含了事物发展、联系的从前而后的全貌。可信性是全息的重要特点。因为一切事物都在发展之中，求“绝对全”是不可能的，而相对最能代全的讯息是可信性讯息。全息是“相对全”，只从相关求全面，将不相关的讯息排除，不失其全息性。形成创新认知、得到全息认识有赖于科学的预测能力、创见能力，另外，还要注意对信息的发现。

① 钱玉峰：《创造性思维是逻辑思维与非逻辑思维的对立统一》，《滨州师专学报》，2001 年第 1 期。

（一）科学预测的必要性

当今时代，知识爆炸剧烈，信息网络交错，竞争浪潮汹涌，创新意识高涨，这些现象充分说明，以已然技术能力竞争未来市场不可靠，只有用已然智能去创造未来，才有可能在竞争中取胜。如果对未来掌控不力、把握不明，很可能导致最终的失败。因此，人们迫切需要“点化”与“提醒”，以增强自身掌控未来、把握未来、制导成功的能力。

把握未来需要认识未来。认识的最高境界是科学预测，即在改造世界的行动作用前，对被改造物的发展做到心中有数，知道它将要发扬什么，摒弃什么，以及扬弃之后成为什么。只有根据未来走势的发展得出对现实行动有指导性作用的创造性、创知性见解，才能使改造行为明智化，科学化。没有对未来的预测，生命便不可想象。① 没有对未然存在的预测的认识是不全面的，因为这种认识缺乏预测功能，容易导致实践的盲目性、冒进性与片面性。

事物能不能被预测呢？马克思主义哲学的基本观点认为世界是可知的。可知的世界既包括已知世界，也包括未知世界。未知存在于已知之中，已知又是打开未知之谜的钥匙。② 未知世界是可知的，在于宇宙有它自行的规律，大自然是按照自产生、自组织、自协调的规律化策略向前演进的，我们可以推知并预测。波普尔指出每个时间都由前因所致，这也暗示着事物可以被预测或解释。

预测是主观与客观的完整统一，是精神反作用于物质的能动

① ［德］热罗姆·班德主编，周云帆译：《开启 21 世纪的钥匙》，社会科学文献出版社，2005 年版，第 4 页。

② 窦兰峰：《浅谈如何发挥人的创造性》，《上海理工大学学报》（社会科学版），2002 年第 6 期。

性反映。对事物进行科学性预测，才能达到可持续发展。可持续发展的提出，本身就是科学预测的结果，科学性预测以可持续发展为信念支撑和价值目标。[①] 预测，是知识经济时代的客观需要，是明智化实践的本质要求。《礼记·中庸》中提到“凡事预则立，不预则废。”不能预测具体事物的认识成果，是不彻底的肤浅的认识。深刻的认识，能够反映事物的终极走向，因为“世界是可知的”，可知性表明，既可知事物的导源，也可知事物的归宿。

预测关键是预测未然存在中的真理要素，真理需要被人发现，也需要被发展。人们认识的最终目的是为了发现真理并运用真理以改造客观世界，但是仅仅局限于已知真理是不够的，已知真理需要在广度上拓宽，深度上延伸。真理不是一成不变的，否则就不可能永恒，它始终朝着终极真理的方向不断前进。人们认识的结果就在于不断深入地发现真理，既然全面的认识是全息的认识，那么真理就不仅仅包含在已知存在中，也包含在未知存在中。发现未然存在中的真理要素，科学预测是必要手段。

“对未来的想象，在个体中和在整个民族中，都是行为的有力决定因素。”[②] 科学预测能够让人未雨绸缪、预先断后，是避免盲目行动、纠正片面实践的唯一有效的方法。人们改造世界的实践表明，一切成功都来源于正确的创新决策，而正确的创新决策又都依赖于科学的预测。[③] 对认识中科学预测功能的开发，会大大提高人们的主观认识能力及预见能力的能动作用，把人的洞察力、侦察力发挥到极限。这无疑对21世纪知识经济时代，以

① 蒋洁霞：《科学预测：可持续发展的认识论前提》，《胜利油田党校学报》，2004年第4期。

② E. P. Torrance，L. K. Hall，叶仁敏译：《创造性潜能评述》，钱扑校，《心理科学进展》，1988年第1期。

③ 杨名声、刘奎林：《创新与思维》，教育科学出版社，1999年版，第99页。

创新为生活主旋律的人们，提供了更宽泛、更尖端的感知工具。

（二）创见对发挥人的创新能力的指导意义

科学预测后得到的认识结果对人的创新能力的发挥具有重要的指导意义。许多时候，人们实践依靠经验，但是经验由历史得来，对历史有用不一定对未来有用，已然存在的规则不一定适用于未然存在，如果刻板地墨守成规，就会在未然存在面前处处碰壁，所以，经验对人的创新能力发挥的指导作用不是关键性的，创新性见解才是关键要素。

人的创新能力反映在对客体的认识上就是创见（创新性见解和创造性认识），创见是对未知规律、未然存在的探索和发现，以预见性、突破性为主要特点，是人对现存认识结果的超越。创见开启了人的创新能力的第一步，使人们在实践中勇于创新、安于创新、乐于创新。有创见做引领，发展就不会出现方向模糊等问题。人的创新能力的发挥和运用是一个综合的过程，实施前需要设想、规划、论证以及预演各要素的交叉作用。认识有创见，实践上才会有创新，可以说，创见也是一种生产力。

当然，创见不仅仅代表对未知存在的探索，也包括用崭新的理论完善已然存在和已知理论。马克思主义理论就是关于发展的理论、富于创见的理论。马克思主义同中国实际相结合的过程中，曾经实现了多次历史性的飞跃，产生了许多重要的理论硕果，比如毛泽东思想、邓小平理论、“三个代表”的重要思想、科学发展观，等等。没有这些创见，就没有中国革命的胜利和中国建设的成就。中国革命和中国建设中的特殊情况和复杂问题不可能靠背诵马克思主义一般原理或照搬外国经验解决，其发展历程表明了：理论创见是明智实践的前导，政治创见是革命胜利的先驱，科技创见是经济发展的航帆。

目前，创意经济、智能产业正越来越成为各国经济的主要增长点，以发挥人的创新能力以主的新兴创意产业成为了各国经济实体的发展方向。创见能力的缺乏，是创意行业的大敌，创见能力水平越高，抽象概括能力越强，创意产品含金量就越大。故而，现阶段，创见能力的大小决定着人的创新能力的强弱，同时也决定着生产力的高低，并进而影响到综合国力。

（三）从信息发现到社会实践

知识经济时代的一个显著特征是信息化，一方面，无形的信息对现实的影响力越来越大，另一方面，信息的发现意味着先机和发展。在资本时代，思维与存在的关系更多地体现为强迫思维接受存在，而信息化时代，则是引领思维创造新的存在。我们过去是以资本为基础，把资本看作发展生产力的最大条件、第一条件，而在信息化时代，人的能力、尤其是人的创新能力事实上已经成为发展生产力的第一条件了。也就是说，思维不仅仅是存在的反映，思维对存在还具有强大的改造作用，在信息化时代，精神可以通过创新科技、用科技手段反作用于物质。从实践效果上说，在资本时代里，实践很大程度上是盲目的，而在信息化时代，大多数实践都是明智的，差异导源于此。

在知识经济时代，制造新一类商品的工具，是作为知识硬件的数据、图像、技术等，而把知识硬件组装、设计、架构成新类型商品的因素，却是知识软件。知识软件，是指对知识硬件进行定性、定位、定量的创意、主张、灵感等创见，创见是创新的基础，保证着思维的先进性，这些创见就是以信息的形式表现出来的。信息上的新发现需要人们大胆的猜测，创见、预见需要思想上的冒险精神。

信息上的一个发现可以带来一个学科的进步，进而影响到一个产业甚至是整个社会的发展。恩格斯曾经说过："牛顿由于发明了万有引力定律而创造了科学的天文学，由于进行光的分解而创立了科学的光学，由于创立了二项式定理和无限理论而创立了科学的数学，由于认识了力的本性而创立了科学的力学。”① 而“科学的天文学、光学、数学、力学”带来了整个产业的优化、升级与社会生产力的进步。

要想体现真理的可持续价值，需促成真理体系的不断拓展、更新，用发展着的真理来指导发展着的实践。真理发展的开端是信息上的发现，未知信息只有处于被不断发现的状态下，才具有实际价值。不断被发现的信息一方面可以不断充实已知信息，另一方面也可以促成已知信息的更新。已知信息对于未知信息的发现来说是历史的积淀，人们基于已存在的信息，更易于发现新的信息，这就是“站在巨人的肩膀上，始于前人的制高点”的效果。重视信息发现，能使实践不僵化、不落伍，不断发现未知信息，才能保证实践的与时俱进性。

信息发现和社会实践须以共赢为衡量标准。共赢即要实现多方同时受益，人与人要同时受益，人与社会要同时受益，人与自然更要同时受益。在实践发展中求共赢，耗材型发展观需要逐步更新为生态型发展观，统筹兼顾人、社会、自然等各方面的利害关系，保证各方能同时实现利益最大化，从而实现发展的可持续。

## 三、创新认知的形成

思维的创意是创意活动的核心，因此认识、把握和获得创造性思维能力是创意能否成功的关键。在创意过程中，人们运用创造性思维提出一个又一个的新观念，形成一个又一个新的理论，做出一次又一次新的发明和创造，不断地丰富了人类的知识宝库，促进了人类社会的进步和人的全面发展。开发和培养创造性

① 《马克思恩格斯全集》第1卷，人民出版社，1956年版，第657页。

思维就是开辟现在和未来，正是思维的创新开始了人类创造历史的历程。运用创新思维，我们可以重新审视原有的认识工具和认识路线，以便形成创新认知，为人的创新能力的形成奠定良好的认知基础。

首先，从认识工具上来讲，在前文，我们已经分析了理性升华对人的认识和思维的重要性，它对未来和未知创见来说显得更为重要。理性对于已然存在是良好的工具，对于未然存在来说，则需要理性的升华。理性的产生本身就是对先验的超越和人们更高的追求，这源于人的本性，即人的自由意志的创造性，特别是超越自身的有限性。[①] 在科学的整体性、预测性研究中，只有用理性升华才能取得前瞻性成果。创性理性有冲破习惯性思维的特征，在创性理性的作用下，人们会突破思维障碍取得思维创新成果。创性理性是人的能动性的超常发挥，是满足人对事物深层次认识的需要、改造事物的良好工具，它也是满足“预则立，不预则废”思维程序的关键一步。对于认识过程来说，应该综合运用多种认识工具，交叉互动地认知，并充分发挥理性的创造潜能，实现立体认识事物，避免静态认识，这样才能更好地实现主观认知与客观实际的统一。

其次，从认识路线上说，为了更好地实践，领先地实践，我们需要对经典认识论的认识路线予以补充和发展。对于外部的哲学认识，可以将“实践——认识——再实践——再认识……”的程序扩充为“主见——实践——灼见——创建——远见”的交叉滚动式跃迁程序。主见：对事物的肯定性见识；实践：对主见的验证性活动；灼见：对事物的透彻的见解；创建：用灼见创立新的实践；远见：作出前瞻性实践规划。单纯的螺旋式上升程

① 宋清华：《哲学怎样探寻理想世界》，辽宁师范大学学报（社会科学版），2008 年第 2 期。

序是属于“顺藤摸瓜”、“沿梯上爬”式的路径，而对于许多具有创新性、变革性的活动而言，不能仅仅地守一藤、沿一梯，而必须独辟蹊径地依照交叉跃迁的认识程序，才能创立新的前人没有的实践活动。

第三，从认识目标上说，我们不仅要看到本质和现象，还要看到事物的最初起源在哪（导源）以及事物最终落点在哪（归宿）。要想真正掌握事物的未来方向，把握事物的形势、预知事物的定势，就必须在认识上把事物的导源与归宿架构起来，建立一条协调持续的发展链。这样才能“任凭风浪起，稳坐钓鱼台”、“以不变应万变”，在对策的选择上就会排除“解决此矛盾派生彼矛盾”的后患隐忧。而做到这些，须学会依据事物的历史、本质和目标等要素，科学地辩证事物的导源，判断事物的归宿。预先测定事物的归宿，是科学决策的最好依据，可以保证实践的明智性。

创新是一个系统性的行为，需要多种因素和思维方式的交叉性运用。钱学森教授曾说过：“每一个思维活动过程都不会是单纯的一种思维在起作用，往往是两种，甚至是三种先后交错在起作用。”[①] 这种先后的交错、辩证的上升实际上是交叉辩证的具体方式。无论是使用认识工具还是运用思维方式，我们都需要交叉辩证的作用，这样才能深刻地把握住事物的导源和归宿，使创新有据可查、有路可依。

① 钱学森：《关于思维科学》，上海人民出版社，1986年版，第129页。

# 第二章　人的创新能力的实践基础分析

实践是人类能动地改造客观世界的物质活动，是以改造客观世界为目的，主体与客体之间通过一定的中介发生相互作用的过程，也是在实践主体的自觉意识支配下，能动地变革着客观世界，同时能动地改造着自身的活动能力，是人与世界相互作用的根本方式。马克思主义哲学是哲学史上的一个伟大的变革，它较之旧哲学、旧唯物主义一个巨大的进步就在于它是实践的唯物主义，实践思维贯穿始终。在马克思主义哲学中，实践不仅仅在认识论中具有重要地位，它是认识论中首要的基本的观点，而且在本体论中也具有重要地位，实践虽然没有本体的地位但是实践却拥有本体的作用。不少人把马克思主义哲学视为实践哲学，认为“实践的观点是马克思主义哲学的首要的基本的观点”。① 即便不将实践的意义看得如此重大，实践是马克思主义哲学的一个基本观点，也是大家普遍接受的。创新与实践是密不可分的，创新是实践这个人类特有存在方式的内在品质。② 本章就是以人的创新能力为出发点，从创新与实践的关系入手，探求人的价值观与实

---

① 杨春贵：《论实践范畴在马克思主义哲学体系中的地位》，《光明日报》，2006—5—23。

② 李正风、曾国屏：《中国创新系统研究——技术、制度与知识》，山东教育出版社，1999 年版，第 62 页。

践行为的统一。

实践对人的创新能力的重要意义在于：人的创新动力产生于人在实践中的需要；人的创新能力的发挥体现了人类实践活动的本质；人的创新能力根植于领先的实践活动；并且，实践是检验创新成果的唯一标准。创新是干出来的，是通过实践实现的。任何创新思想，只有付诸行动，才能形成创新结果。从目标指向而言，创新与实践不同，实践在于作用于客观对象，而创新在于强调人的活动的新颖性和超越性，但是实践的结果必然会带来现实世界的改变，会创造一个新的世界，在这个意义上，创新就是实践，实践就是创新。

## 一、创新动力产生于人在实践中的需要

马克思之前的许多哲学家都没有注意到人的发展的动力的真正来源，许多人将人的前进的动力归结为精神或头脑中的东西。但实践唯物主义真正解开了人类进步的秘密：即人在实践中的需要产生了创新的冲动，产生了不断创新和发展的动力，进而引领人类社会不断向前发展。

人在实践中首先产生了物质资料生产的需要，在人们用自己的劳动创造出物质资料的时候，人开始成为人。人类刚开始的实践活动仅仅是为了维持生存，处在刀耕火种的阶段。当这个阶段成熟之后，人们又开始了对更好的生活水平、更高的生产水平的追求，当物质要求满足后人们又产生了精神世界的追求。“任何人如果不同时为了自己的某种需要和为了这种需要的器官而做事，他就什么也不能做。”① 人在实践中产生的需要与动物的需要有本质区别，人的需要是随着环境的改变而不断发生变化的，

---

① 《马克思恩格斯全集》第3卷，人民出版社，1960年版，第286页。

它具有主动性、能动性的特点，而动物的需要有许多注定的成分，是一成不变的，所以，马克思指出："人以其需要的无限性和广泛性区别于其他一切动物。"[①]

人们在实践中的需要让人们有了改变现有状况的想法，这就是创新的冲动，而创新的结果又推动了人类社会的不断发展与实践的不断发展。人为了满足自己的需要，开始进行能动的活动，但"已经得到满足的第一个需要本身、满足需要的活动和已经获得的为满足需要用的工具又引起新的需要。"[②] 人的需要是人们进行实践的原因，也是人们实践的结果，人们满足原来的需要后，又在实践中产生了新的需要，"没有需要，就没有生产。而消费则把需要再生产出来"。[③] 这个新的需要又推动人们进行不断地创新，然后新的创新又会产生新的需要，这是一个永无止境、不断循环的过程，在这个不断产生需要、创新满足需要、产生新的需要的过程中，人类在进步，社会在发展，自然界也在不断地改变着。可以说，人们所有的创新动力都来源于人的需要；从另一个方面讲，也只有创新才能满足人不断变化的需要。

现实的发展总是落后于人类需要的发展，"世界不会满足人，人决心以自己的行动来改变世界"，[④] 这便促使人类不断创新。而现实又包含着多种可能，为人类的创新提供了足够空间。创新立足于需要与现实的矛盾，也立足于可能与现实的矛盾。[⑤] 要使现实发生改变，就需要创新，创新是社会发展的根源和依据，人的创新能力的发挥和提高促使人类社会从低级到高级持续的演进。在马克思的眼中，世界是永恒发展的，自然界虽然也在

① 《马克思恩格斯全集》第49卷，人民出版社，1982年版，第130页。
② 《马克思恩格斯选集》第1卷，人民出版社，1995年版，第79页。
③ 《马克思恩格斯选集》第2卷，人民出版社，1995年版，第9页。
④ 列宁：《哲学笔记》，人民出版社，1974年版，第229页。
⑤ 殷石龙：《创新学引论》，湖南人民出版社，2002年版，第14页。

变化，但是单纯的自然界的变化是自然的结果，而人类社会的变化则是人们创新的结果。

人在实践中产生的需要有层次性。人首先是“人直接地是自然存在物”,[①] 也就是说人首先要接受住自然界的考验，就像其他动物一样，要满足自己最基本的生存需要。其次，“个体是社会存在物”,[②] “吃、喝、性行为等等，固然也是真正的人的机能。但是，如果使这些机能脱离了人的其他活动，并使它们成为最后的和唯一的终极目的，那么，在这种抽象中，它们就是动物的机能。”[③] 在社会的发展中，人需要和其他人发生交往，这样就形成了一定的社会关系，并且在此之上形成了集体的共同需要，人们满足自己的需要也是在这种社会关系中进行的，而且，随着历史的发展，人的需要呈现出不同的历史阶段性和社会性。另外，人区别于动物的地方更是在于人是类存在物，是自由的存在物，人有高级需要。马斯洛对此的分析是——高级需要是在种系的进化上发展较迟的产物。一切低等动物都有进食的需要，高等动物如猿就有了爱的需要，而唯有人才有创造的需要。从个体发育过程来看，高级需要的出现也是较迟的；而且，高级需要要求更多的前提条件，更难以满足。越是高级的需要，越要求“涉及更多的人，需要更大的舞台，更长的过程，更多的手段和分段的目标，以及更多的从属步骤和预备步骤。”[④] 人在满足需要的实践过程中，其创新和创造的能动性在发挥作用，这种创新的需要是人类自觉性的表现，是人区别于其他一切动物的本质区别。

---

① 马克思：《1844 年经济学哲学手稿》，人民出版社，2000 年版，第 105 页。

② 马克思：《1844 年经济学哲学手稿》，人民出版社，2000 年版，第 84 页。

③ 《马克思恩格斯全集》第 42 卷，人民出版社，1979 年版，第 94 页。

④ ［美］马斯洛，许金声、程朝翔译：《动机与人格》，华夏出版社，1987 年版，第 115 页。

我们要正视人的实践中产生的种种需要，尤其是高级需要——创新的需要是我们最应该提倡与大力满足的。因为创新的需要发挥了人的能动性，体现了人的类本质，促使人类社会不断进步、人类文明不断发展、人与自然共同前进。

## 二、人的创新能力的发挥是人的实践活动的本质体现

实践活动是按照人类的目的改造世界的活动，也是为了超越现实进行的活动，是具有创造性的活动。实践使人从自然中分离出来，又使人与自然统一，共同发展，在人与自然统一的基础上，人类社会在不断前进着。离开实践，就没有人类社会的存在，没有人化自然的存在，更谈不上人类社会的发展和变迁。在实践活动中，人完成了自我生成，人独有的实践活动的特性让人不断前进、完善。人的实践活动的来源首先是人的头脑，外部世界对人的影响“反映在人的头脑中，成为感觉、思想、动机、意志，总之‘理想的意图’，并且通过这种形态变成‘理想的力量’”。[①] 可见，实践是一种主观作用于客观的行为，在本质上是人的主观能动性发挥的活动，其中体现出了主体的巨大的创造性与创新能力的作用。

一方面，实践提供创新的环境。创新是在一定的环境中进行的，环境对创新有着重要的制约作用，环境良好，有利于创新，环境恶劣，可能会限制和扼杀创新。创新的环境从根本上来说，是社会实践的产物，是前人实践活动的结果。对现代人的创新活动而盲，它是既定的前提条件，是现代人活动的基础。每一个人

① 《马克思恩格斯选集》第4卷，人民出版社，1995年版，第232页。

都在这个环境基础上进行自己特有的活动，又通过自己的实践活动去改变环境，创造新的环境。环境的改变和人的活动一致，只能被合理地理解为革命的实践，另一方面，实践锻炼和提高人的创新能力，培养了创新人才。创新成果的大小，往往取决于人的创新能力和创新素质。创新能力和创新素质是在实践中锻炼和发展起来的，不是天生的，天生的只是创新的潜质。人们在社会实践中丰富了创新知识，培养了创新思维，涵养了创新意识，修炼了创新意志，增长了创新才干，从而成为创新之人。人们越是积极地从事创新实践，就越能积累创新经验，锻炼创新能力，增长创新才干。创新是通过创新者的活动实现的，实践活动锻炼和造就了大量的创新人才，也就推动了创新的发展。

“一当人们自己开始生产自己的生活资料的时候，这一步是由他们的肉体组织所决定的，人本身就开始把自己和动物区别开来。人们生产自己的生活资料，同时间接地生产着自己的物质生活本身。”[①] 这段话说明，有意识、能动改造自然的人类劳动，是人类从动物界分化出来的根本标志，这个起步也是人类面对已有的自然条件创新的开始，从人类展开第一个劳动开始，人类就具有了与其他动物的独特性。人之生存具有不可替代和不可重复的特性，这一特点归根结底是由人的实践活动本身的生成性和创造性所赋予的。[②]

从实践的领域来区分，实践可以分为改造自然的实践、创造科学的实践与变革社会的实践，这三类活动都体现了实践能动性、创新性的本质。人的实践活动不仅为自己创造了人化的自然界，而且形成了人类独有的社会结构，并且，人们通过社会制度

① 《马克思恩格斯选集》第1卷，人民出版社，1995年版，第67页。

② 林松：《实践观在马克思主义哲学中的重要地位》，《黑龙江社会科学》，2007年第1期。

的优化使自身获得更好的发展。从整个人类历史来看，人类的实践也是在不断创新的。人在实践中利用自己的能力来完成实践，又在实践中不断产生创新的冲动，利用创新能力满足进步的需要，同时，人的创新能力在实践中得到不断的提升和完善。人们为了生存，必须创造，而且也能够创造。我们可以把实践分为重复实践与创新实践，也即常规实践与创新实践。创新实践是人的创新能力参与、发挥作用的实践，重复实践是人的一般能力发挥作用就可以完成的活动。创新实践是最能代表人的能动性与本质性的实践活动，重复实践对人类来说也是必不可少的。但是，促进事物从量变转向质变，促进社会的进步和前进，而不是单纯的积累和重复，达到这些目标更需要创新实践。

单纯的重复实践会让人类社会延续，但水平却只是停留在同一层面上，而创新实践却能让人的社会从一个底层次走向一个高层次。所以，从对人类社会进步的意义来说，创新实践是最根本的。一方面，创新实践以重复实践为基础，创新实践的完成离不开许多重复实践的参与；另一方面，重复实践也以创新实践为基础的，因为创新实践一旦完成，就成为后来的重复实践的样本，实践就是这样循环地推进下去。实践是社会发展的根本动力，实则是创新实践是人类社会发展的根本动力。历史表明，正是人类的创新实践活动，推动人类社会生生不息地向前发展。[①] “实践是一切真知的来源”，但往往只有创新性实践才能为认识与改造活动提供新的突破口。

实践是认识的动力，是进步的途经，规范与创新的矛盾只有通过实践才能获得新的解决。发挥人的创新能力作为实践的本质性体现，在于马克思主义哲学实践的立足点就是可能性与创新性，是对现实不合理性的改造与革命。人类社会的发展依靠的是

---

① 殷石龙：《创新学引论》，湖南人民出版社，2002 年版，第 31 页。

实践的力量，而发展本身就意味扬弃和传承的统一，意味着创新，是否定之否定的过程。实践首先是立足于现实，但是同时又代表对现实的超越。在实践活动中，自然的基础作用和主体的创造作用是结合在一起的。[①] 创新的作用领域是实践中的可能性，因为有可能的存在，所以我们不断地确认是否可能，进而变可能为必然。

## 三、人的创新能力根植于领先的实践活动

现实中的实践并不都是明智的，判断人的实践活动是否具有明智性，就要看这个实践活动是否符合可持续发展的原则，是否面向未来，是否能够极大地发挥人的创新能力，即是否具有领先性。正确的实践是以真理性为指导的，正当的实践则应是动机与效果均符合某一价值标准。[②] 领先性的实践活动，能够使人达到价值性与目的性的统一，现实性与前瞻性的兼顾。

虽然人的创新能力的发挥是人的实践活动的本质体现，但从重复实践和创新实践的区别来看，可以发现人的许多实践活动并不是发挥人的创新能力的实践活动，甚至许多实践活动会阻碍人的创新能力的发挥。在此，我们提倡领先的实践活动，在领先实践中积极锻炼与培养人的创新能力，不断促进人的发展。

（一）“历史、现实、走势”的螺旋式实践

实践范畴是马克思主义哲学中最为核心、最为基础的概念范畴。唯物主义认为，世界是多样性的统一，同样，实践也是多方

---

① 高清海：《找回失去的“哲学自我”：哲学创新的生命本性》，北京师范大学出版社，2004 年版，第 137 页。

② 刘湘溶、曾建平：《人类共同利益：生态伦理学必须高扬的旗帜》，《道德与文明》，2000 年第 6 期。

面的实践，所以实践范畴集完整化、立体化、动态化等特点于一身。由于实践本身兼具继承性与开创性，根据出发点不同，从时间的角度来看，可以对实践作更进一步的明确区分，即分为面向历史、面向现实与面向走势的三种实践。走势，是对事物未来走向、趋势的一种描述。事物发展有前过程（历史），也有后过程（走势），其中间段为现实，认识到这三个阶段，才算是全面融会贯通，才能最大限度地避免盲目实践。发展，即要看到事物发展的后过程，也要看到事物发展的前动向。后过程与前动向，是相对应的事物两面，事物由后过程与前动向互构成为全息物。领先的实践活动立足于将“事物之现状与历史及其走势，宏观联系起来综合考察”，以还原事物运动之完整线路。

面向历史的实践，是将历史的经验重复运用于现实，呈现重复性、守成性；面向现实的实践，是对现实存在的物质条件、资源条件、生态条件、精神条件、思想条件、社会条件等状况做美化式、雕塑性改良、优化或补修，呈现能动性、改造性；面向走势的实践，是创新性发现过去没有发现的真理、创新性踏踩前人没有走过的江峰、创新性透解先辈没有突破的迷题、创新性绘制社会潮头急需的鸿图、创新性拓展当代世界奋向的疆域的实践活动，呈现创新性、进取性。

走势实践面向未然存在，将守成性实践、改造性实践巧妙地结合起来，将完整意义的明智化实践与历史经验、现实远见、未来高瞻统一起来，在人的实践活动中占有重要地位。走势实践的实践价值在于：一是为面向历史的实践开创崭新天地；二是为现实实践提供借鉴样本；三是为未来的真理发现铺就展示平台；四是为可持续发展实践奠基航道路标。促进社会进步与发展需要走势实践，如果没有面向走势的进取性实践，发展的脚步就会陷入现实矛盾的麻团之中，自由而全面发展的目标会像海市蜃楼一样无法企及。

社会的发展要具有可持续性，就必须面对未来，不能做寅吃卯粮的事情。对于可持续发展战略来说，面向走势的实践具有前瞻性的特点，不仅可以为未来发展组建基石，而且可以拔高性地解决现实中的问题。走势实践以科学预测为工具来把握事物发展的前动向，使认识水平提高到预先知晓事物发展方向，由此在决策时得到正确判断，最大限度地避免实践的片面性与行为的盲目性。避免盲目发展的基本方法，就是在根据事物的走势发展提前预控，避免主观性失误，对走势的把握使实践逐步走向更高层，保障发展的螺旋式上升，有助于实践与创见相结合，创见领航新的实践。

实践活动的体系是一个“历史——现实——走势”的螺旋式体系。如同创新思维需要突破习惯性思维的束缚一样，实现这种螺旋式实践的关键是突破历史和现实对走势的束缚。毛泽东总结道：“在生产斗争和科学实验的范围内，人类总是不断发展的，自然界也总是不断发展的，永远不会停止在一个水平上。因此，人类总得不断地总结经验，有所发现、有所发明、有所创造、有所前进，停止的论点、悲观的论点、无所作为和骄傲自满的论点，都是错误的。”[①] 只有超越了历史的束缚、现实的羁绊，才可能创新出与众不同的、新于现实、前无古人的成果。尤其是在科技迅猛发展、竞争日趋激烈、社会急剧多变的今天，无论是宏观问题和微观问题的解决，还是全局和地方的发展实践，都需要以对走势的前瞻性把握作支撑，实现“历史——现实——走势”实践的螺旋立体作用，从而避免失误，保证成功。

（二）领先实践的原则：以未来约定现在

实践活动的性质不同，对人的创新能力的促进作用也就不

---

① 《周恩来总理在第三届全国人民代表大会第一次会议上的政府工作报告》，《人民日报》，1964—12—31。

同，显而易见，领先性实践一方面需要人的创新能力，另一方面，也极大地促进了人的创新能力的提高。为了更好地在领先实践中促导人的创新能力，需要树立以“未来约定现在”的理念。所谓“未来约定现在”，是说我们必须站在走势的平台上，用发展的眼光来分析现实问题，并提出方案，进而解决现实问题。这样，不仅能够解决现实问题，而且能够规避未来可能出现的问题，使发展可持续化。

具体来说，用未来约定现在有三个内容：

第一，用未来“约定”现在而不是“决定”现在。因为历史、现实和走势这三者是统一的，所以，未来不仅跟现实有联系，还跟历史有联系。也就是说，用未来“约定”现在包含了考虑历史因素的含义，因而具备了实在的经验基础；如果仅仅根据未来因素，或是未来和现实两个因素来对现在进行规划，便缺乏切实的实践基础，使未来对现在的“约定”变成“决定”，最终导致唯心倾向。所以，未来“决定”现在是不可知的，不能实现的；而未来“约定”现在则是可知的，是能够实现的。

第二，由于历史、现实和未来是三位一体的，因此，对未来的规划必须考虑历史和现实两个因素。现实加上对前景的预测等于虚拟实践，这种虚拟必须经过规范才具可实现性，而规范正是通过历史经验来实现的，现实加上历史经验便等于走势规范。所以，虚拟实践的内容丰富与否，取决于对历史经验的全方位掌握与对前景预测的方向性把握，二者缺一不可。

第三，通过预演用未来约定现在。所谓预演，就是预先演习，先于社会而实践，根据预测来划定实际行动方案，即实际中的每一步行动都是对先前预测的实践与检验。因此，理论需要具备科学预测功能，这种预测功能应至少体现在三个领域中：政治领域、文化领域和科技领域。

“用未来约定现在”对实践的最大意义就在于使实践明智

化，促进实践的领先性。以未来约定现在，可以更好地实现人与自然的互补和统一。在现今社会，之所以发生许多人类肆意征服自然的悲剧，就是因为人们没有一个可持续发展的眼光和走势的角度。将实践活动明智化，不仅是历史发展的需要，也是人类现实的客观选择。做任何事情都必须历史地分析研究过去，客观地分析研究现在，科学地分析研究未来，以求在把握未来的情况下，立足现在，做好工作，尤其是对创新工作来说更应如此，这是一种重要的创新工作程序。①

要使当前的实践与未来的发展趋势相符合，用走势的眼光来制定发展蓝图，就必须对当前实践加以规划，对发展进行统筹，使实践既符合客观规律，又符合人的心中预想。只有“用未来约定现在”，按照战略蓝图去规划和统筹实践，才能实现人的创新能力充分发挥，既和谐生动局面，又丰富和谐思想。

（三）实践的新倾向：人本创新力的发挥

发展依靠人的实践活动向前推进。不同的历史时期，实践有不同的表现形式，同一历史时期，实践也有不同的具体层次。过去，生产力水平低下，社会发展较缓，体力劳动成为人们主要的实践活动，因此，大多数成员的社会角色都是实践个体。无论是在人的自我发展、思维发展，还是科学、社会发展，都谈不上全面的、协调的、可持续性的发展。这种局面的形成，一是受到生产力发展水平的限制，二是受到思维方式的框禁，导致那时的发展属于局部性的、单一性的、简单积累性的发展。

而现在，生产力水平发展的加速度越来越大，智力劳动成为实践活动的主流。由于知识更新的速度越来越快、学科大规模交叉的趋势越来越明显、信息传播沟通的渠道越来越立体，人们只

---

① 杨名声、刘奎林：《创新与思维》，教育科学出版社，1999 年版，第 98—99 页。

有通过智力合作的方式联合起来，才能更好地适应自然、改造社会，并创造更丰富多彩的物质文明、精神文明与生态文明。

在这个信息化时代中，人的实践逐渐从体力到智力，从面对资源、知源扩大到了面对智源。这里的资源主要指自然资源，知源就是人力资源，而这两种资源能否进行扩大性生产，即投入进去就能产生链性的价值，产生投资性的效益，在于人的智源及人的创新能力。人本创新力就是以智源为创新来源的创新能力，而物本创新力主要是以资源、知源为主要来源的创新能力。俗语说："站得高，看得远"，其实是思维本身走得远，所以它能看得全，因此能够找到制高点。现在，思维的制高点就在于开发智源，站在这个立场上，才是真正地发挥了人的主动性与能动性、本质性与独特性。人本创新力的积极发挥避免了物本创新力对资源、知源的过度开发，带来了对资源、知源的优化利用，有助于人与自然的和谐相处。

目前，人与自然的关系有两种倾向：一是人们对自然资源的需求越大越大；另一方面，为了可持续发展，人们也看到必须消减对自然资源的开发，这是一个矛盾。人的发展也出现了两种趋势：一方面，人的个体发展越来越自由、越来越充满个性；另一方面，人与人之间的联合发展也越来越紧密。这些矛盾的解决，都需要人本创新力的介入。利用人本创新力对智源的开发，既可满足发展的需要又减少了对自然资源的需要，既使个人完整发展又使整体密切合作。只有开发智源，并在开发智源的基础上创新对资源、知源的利用，才能获得最佳的发展策略、发展模式、发展道路，才是真正的可持续发展之路。

## 四、实践是检验创新成果的唯一标准

创新成果是通过实践实现的，也是通过实践来检验的。实践领先与否决定了行动的结果被淘汰与否，而且，领先实践也会促进创新成果的进一步取得。

（一）实践对创新成果的检验

实践是检验创新成果的唯一标准，其原理与实践是检验真理的唯一标准的原理相通。“人的思维是否具有客观的真理性，这并不是一个理论的问题，而是一个实践的问题。人应该在实践中证明自己思维的真理性，即自己思维的现实性和力量，亦即自己思维的此岸性。关于离开实践的思维是否具有现实性的争论，是一个纯粹经院哲学的问题”，[①] 思想和理论不能自身检验自身是否符合客观实在，创新成果的检验也不可能在认识领域中完成，其效果只有在实践中才能获得确认。创新成果达到了什么水平，是否达到了预期目标，需要投入实践中后才能知道，实践领先与否便是衡量的标准，它决定了创新成果是否合乎预设，也决定了创新成果是持续性作用还是暂时性作用。

实践检验创新的成果，使其得到修正和发展。实践检验创新，检验创新的成果，在检验中就会发现问题和不足，从而有针对性地提出改进的措施和方法，修正创新的目标，修正创新的方案，修正创新的过程，使创新得以实现和发展。任何事物的发展，都是在克服错误中前进的，创新也不例外。要克服错误就要发现错误，发现错误就要检验、就要考评。实践就是最根本的检验途径、检验方法，许多事情，只要把它放到实践中试一试、比一比、查一查，就能发现它的长处和短处、优点和缺点，从而创造条件、发扬优点、克服缺点，使创新成果不断改进、不断完善。

① 马克思：《关于费尔巴哈的提纲》，见恩格斯着《路德维希·费尔巴哈和德国古典哲学的终结》，人民出版社，1997 年版，第 53 页。

实践参与了创新的全过程并反馈调节着整个创新活动。[①] 首先，从实践中产生的需要推动了创新意识的开启；其次，实践又为创新行为的实施提供了条件和工具；随后，创新主体在实践中完成创新活动，形成创新成果；最后，实践对创新成果给予了最直接的检验，并以此修正方案和目标。可以看出，创新在实践中连续进行，实践也在创新中不断发展，创新离不开实践，实践也离不开创新。人的创新能力是否真正地发挥了效果和价值，实践是最根本的检验途经和方法，只要放在实践中去考虑，就能发现长短优劣，从而追根溯源，回头重审创新目标和创新方案，针对性地提出改进措施。

在实践中检验创新成果的一条硬性标准就是看它的领先性。实践的直接现实性能准确地把握创新成果的效果，如果在实践中不具有领先性，就意味着这个成果不具有引领性，仅仅适用于眼前阶段而不具有可持续性，就应该对其进行修正，使其得到完善。实践领先意味着创新成果具有前瞻性，是立足于现实并着眼于未来的，实践领先时代、引领时代，是赢得群众、掌握群众的客观要求。实践检验创新成果的最终目标是实现在实践中可持续领先。领先一次不难，关键问题在于是否可持续领先，如同创新一样，人的创新能力之所以被冠之为能力，就在于其不是一次的偶尔显现，而是经过长时间、多事件的证明和检验得出的。

人类在对待大自然这个问题上，犯了许多竭泽而渔、杀鸡取卵的错误，就是因为没有预见性，导致实践不具有前瞻性、领先性。先进性在很大程度上决定了主导性，所以，实践的领先与否意义重大，对于个人来讲是这样，对于一个国家和民族同样如此。为了在实践中达到可持续的领先，不被时代淘汰而是引领时代发展，我们需要锻炼我们的实践能力，尤其是创新实践的能

① 殷石龙：《创新学引论》，湖南人民出版社，2002年版，第307页。

力，以提高全民族的实践水平。

（二）以领先实践促进创新成果

实践的领先性决定了创新成果存在的必要性与价值，也检验了人的创新能力的成功与否。为了更好、更多地促成创新成果，我们需要面向未来的具有前瞻性的领先实践。创新成果在领先实践中生成，并得以发扬，而且领先实践可进一步促进新的创新成果的实现。

实践离不开人的能动性，实践是主观见之于客观，是人们认识和改造自然的能动性活动，是认识与真理的来源，在此基础上，领先实践区别于盲目性实践。领先性实践为人们带来先进的技术、和谐的环境、丰富的物质、昂扬的精神和幸福的生活；而盲目的实践为社会制造灾难，为环境制造污染，为精神制造荒残，为生活制造混乱。全息的认识不仅指导人们认识本质，而且能够将人的认识提高到把握事物导源与归宿的高度上来，这无疑会使人们的实践大大明智化、领先化。尤其是在目前人与自然的关系的处理上还有些对立、还不够完美的时候，应使各种自然条件和环境真正成为人的“无机的身体”，而不是最终异化为毁灭社会和埋葬人类的天然“武器”和“坟墓”,[①] 达到这个目标需要的是领先性实践而不是盲目性实践。

盲目是实践的大敌，只有避免实践中的盲目性、混乱性、倒退性、扭曲性，等等，才能提高实践效率。领先实践具有明智性，它通过对归宿的预先把握，来制导实践全程，这好比照着设计图建高楼，再复杂的工程也可以井井有条、步步清晰。在这样的实践中产生的创新成果一定是符合客观实在的，也是符合人们需要的，这个需要既包括现实需要，也包括潜在的前瞻性需要。

---

① 王峰明：《马克思劳动价值论与当代社会发展》，2008 年版，社会科学文献出版社，第 279 页。

领先实践在检验创新成果的过程中，会对创新活动和方案提出及时的修正，以生发更多的创新行为，产生更多的创新成果。在现今时代，我们要更好更快地发展经济与创新科技，需要发挥人的创新能力，首先应以领先实践来把握发展，掌控未来，驾驭科技，制导经济。这个过程不能盲目，否则便有可能南辕北辙，犯盲目投资、盲目上马、盲目引进、盲目经营等错误。

实践对于创新的重要意义说明了创新不等于对创新的构思，人们的创新活动绝不是人们头脑中的活动，是某种灵感的闪现，是灵机一动的结果，这种轻视实践的观点会导致对创新认识的偏颇，是对实践的漠视，长久则会损害人的创新能力的提高和创新成果的形成。重视实干、重视实践是创新的基本要求。当然，我们在进行创新活动的时候，一定要坚持从实际出发，把客观存在的事物作为观察和处理问题的根本出发点，从客观事物存在和发展的规律出发，在实践中按照客观规律办事。

# 第三章　唯物史观视野中的人的创新能力

全面发展的个人是历史的产物，他有一个通过劳动实践而诞生和自我发展的过程。韩庆祥教授把马克思的历史观总结为："历史的主体是人（人类、群众和个人，但最终是个人即每个人），历史的内容是人的能力（或力量）发展和自由的逐步实现，历史的手段是人所追求的自由自觉的创造性劳动，而历史的目的则是每个人自由而全面的发展。这种历史观可概括为，社会历史是每个人的能力和自由通过劳动而形成、发展和实现的历史。"① 分析唯物史观视野中的人的创新能力，可以让我们更深刻地认识到人的创新能力的历史作用，并积极运用于现实与未来之中。

站在历史的角度纵向分析人的创新能力，可发现，历史发展的过程就是人的创新能力发挥与不断增强的过程，历史合力主导了人的创新能力的方向，自由而全面的发展既是人的创新能力的目标，又为人的创新能力的发挥提供了条件和保障。

## 一、人的创新能力在社会历史发展中的作用和影响

人们自己创造自己的历史，社会发展不过是人的实践活动在

---

① 韩庆祥：《马克思人学思想研究》，河南人民出版社，1996 年版，第 219 页。

时间和空间中展开的过程。人既是历史的“剧中人”，又是历史的“剧作者”。原始人在他们的时代形成了最初的创新能力，如果不是这个能力，原始人和其他动物是一样的，不可能产生后来社会的发展。面对现代社会与史前社会的巨大反差、社会状况的不断变化，我们完全可以作出这样一个判断：人类的历史也就是创新活动史，是人的创新能力的作用史。人的创新能力不仅使外部环境发生了巨大改变，也使人类自身发生了巨大变化。

首先，从人类的出现来看，人的创新能力的作用使人真正成为人。恩格斯在分析从猿到人的转变过程时说道：“动物仅仅利用外部自然界，单纯地以自己的存在来使自然界转变；而人则通过他所作出的改变来使自然界为自己的目的服务，来支配自然界。这便是人同其他动物的最后的本质的区别”，而造成这一区别的则是人的以制造与使用工具为标志的“劳动”。[①] 劳动是从制造工具开始的，制造工具这一简单的举动对于猿而言，是一种完全的创新活动，完成猿不可能完成的创新活动标志着人类的产生。从人类开始制造第一件工具——石器工具到现代社会，工具制造已经越趋复杂化、智能化与高端化，每一次劳动工具的更新都是一次人的创新能力的发挥和作用，工具本身的变迁说明人的创新能力无时无刻不在发挥作用，并且在不断提升之中。

在劳动中，人类发挥其主观能动性，开始了区别于猿的活动和行为。“诚然，动物也生产。它也为自己营造巢穴或住所，如蜜蜂、海狸、蚂蚁等。但是动物只生产它自己或它的幼仔所直接需要的东西；动物的生产是片面的，而人的生产是全面的；动物只是在直接的肉体需要的支配下生产，而人甚至不受肉体需要的支配也进行生产，并且只有不受这种需要的支配时才进行真正的生产；动物只生产自身，而人再生产整个自然界；动物的产品直

① 《马克思恩格斯全集》第20卷，人民出版社，1971年版，第518页。

接同它的肉体相联系，而人则自由地对待自己的产品。动物只是按照它所属的尺度来进行生产，并且懂得怎样处处都把内在的尺度运用到对象上去；因此，人也按照美的规律来建造。”① 人与动物的种种不同，本质上还是在于人能发挥自己的能动性，人不再是自然的从属物，人会运用自己的能力尤其是创新能力满足自己的需要。人们逐渐从对“人”的依赖走向对“物”的依赖再走向对自身“能力”的依赖，这是人类进步的表现，表明了人类自主性、能动性的增加。

其次，从人类社会的发展变化来看，人的创新能力使人类社会不断前进，形态逐步高级，也使人自身在不断提高。为了维持和再生产自身，人类必须进行劳动生产，但如果仅仅是满足这种原始的需要，那么人只是停留在自己的自然属性上。人是社会关系的产物，人“不是力求停留在某种已经变成的东西上，而是处在变易的绝对运动之中。”② 这种变易的运动促导了创新活动的发生。在创新实践中，人的本质力量得到了充分的体现和确证，也集中体现了人的本质的社会性。人在本质上是力求改变的，改变就意味着创新，尤其是在社会发展进程中，当人的创新能力的发挥从量变积累到质变时，就会带来社会形态的改变。在固定的社会形态中，也必须大力发展人的创新能力，使生产力得到极大发挥，如果停滞不前，一成不变，“那就只会有贫穷、极端贫困的普遍化；而在极端贫困的情况下，必须重新开始争取必需品的斗争，全部陈腐污浊的东西又要死灰复燃。”③ 人的创新活动以客观世界为对象，将人的目的、理想、知识等本质力量对

① 马克思：《1844 年经济学哲学手稿》，人民出版社，2000 年版，第 57—58 页。

② 《马克思恩格斯全集》第 46 卷（上），人民出版社，1979 年版，第 486 页。

③ 《马克思恩格斯选集》第 1 卷，人民出版社，1995 年版，第 86 页。

象化为客观实在，创造出了一个属人的对象世界。在改造世界的同时也改造了人自身。大力发挥人的创新能力，才能解决现实中的各种问题与矛盾，最终实现人的全面而自由的发展。

第三，从自然界的发展变化来看，人的创新能力使自然界不再是单纯的自然，而是人化自然。自然界分为自在自然和人化自然，自在自然是独立于人的活动或未被纳入到人的活动范围内的客观世界，其运动变化是自发的。但自从人类出现之后，自然界的性质就改变了，人类不同于其他动物，有自己独立的意识，而人的意识具有创造性的性质，可以能动地创造，指导实践改造客观世界。“动物和植物通常是被看作自然的产物，实际上……它们现在的形式也是经过许多世代、在人的控制下、借助人的劳动不断发生变化的产物。”[①] 从人类开始发挥主观能动性，自然界就不再是一个顺应自己规律改变的独立物，自然是属人的自然。我们现在看到的自然界不仅是自然发展变化的结果，还是人类实践作用的结果，历史是人的真正的自然史。[②]

这里需要特别指出的是，我们现在研究人与自然的关系不能把其排除在社会关系之外，“只有在社会中，自然界对人说来才是人与人联系的纽带，才是他为别人的存在和别人为他的存在，才是人的现实的生活要素；只有在社会中，自然界才是人自己的人的存在的基础。只有在社会中，人的自然的存在对他说来才是他的人的存在，而自然界对他说来才成为人。”[③] 面对人与自然的相互关系，我们应该站在人的生态属性这个平台上，互补地看待人、自然和社会这三者的关系。

---

① 马克思:《资本论》第1卷，人民出版社，1975年版，第206页。
② 马克思:《1844年经济学哲学手稿》，人民出版社，2000年版，第107页。
③ 《马克思恩格斯全集》第42卷，人民出版社，1979年版，第122页。

## 二、历史合力主导人的创新能力的方向

历史合力论是恩格斯在晚年历史唯物主义书信中做出的重大理论贡献，对于深入理解唯物史观有着极为重要的意义。恩格斯指出："历史是这样创造的：最终的结果总是从许多单个的意志的相互冲突中产生出来，而其中每一个意志，又是由于许多特殊的生活条件，才成为它所成为的那样。这样就有无数互相交错的力量，有无数个力的平行四边形，因此就产生出一个合力，即历史结果；而这个结果又可以看作一个作为整体的、不自觉的和不自主地起着作用的力量的产物。因为任何一个人的愿望都会受到任何另一个人的妨碍，而最后出现的结果就是谁都没有希望过的事物。所以到目前为止的历史总是像一种自然过程一样进行，而且实质上也是服从于同一运动规律的。"① 恩格斯的历史合力理论描述了不以人的意志为转移的客观历史进程，具有普适性。

人的创新能力的发挥是在一定的历史条件下进行的。如同历史合力所作用得那样，创新产自人的头脑，也产自人所存在的环境，创新的结果"像一种自然过程一样进行"。历史合力决定了历史前进的方向，也决定了人的创新能力的方向。马克思在《德意志意识形态》中说，"历史不是作为'源于精神的精神'消融在'自我意识'中而告终的，而是历史的每一阶段都遇到一定的物质结果，一定的生产力总和，人对自然以及个人之间历史地形成的关系，都遇到前一代传给后一代的大量生产力、资金和环境，尽管一方面这些生产力、资金和环境为新的一代所改变，但另一方面，它们也预先规定新的一代本身的生活条件，使它得到一定的发展和具有特殊的性质。由此可见，这种观点表

① 《马克思恩格斯选集》第4卷，人民出版社，1995年版，第697页。

明：人创造环境，同样，环境也创造人。”①

人的创新能力具体到每个人来说，具有强烈的个人意志和个性色彩，但其实是遵循客观规律而运作的。创新欲望似乎是以个人的冲动为出发点，但偶然性是受必然性支配的，每个人的偶然性都有其内在的必然性，每个人的偶然性合成了整个人类的必然性，因为创新冲动的刺激源与创新结果的实践都是在历史合力主导下的历史进程中完成的。恩格斯在《路德维希·费尔巴哈和德国古典哲学的终结》中在彻底清算历史领域的唯心主义时，提及社会发展史与自然发展史的根本差别，他写道：“在社会历史领域内进行活动的，是具有意识的、经过思虑或凭激情行动的、追求某种目的的人；任何事情的发生都不是没有自觉的意图，没有预期的目的的。”“人们所预期的东西很少如愿以偿，许多预期的目的在大多数场合都互相干扰，彼此冲突，或者这些目的本身一开始就是实现不了的，或者是缺乏实现的手段的……行动的目的是预期的，但是行动实际产生的结果并不是预期的，或者这种结果起初还和预期的目的相符合，而到了最后却完全不是预期的结果。这样，历史事件似乎总的说来同样是由偶然性支配着的。”② 这表明，现实社会中每个人受各自的个人意志的支配，总体上形成相互干扰、相互冲突的局面，导致个人预期目的难以实现，而最终的结果是整个社会按照一定的历史规律向前发展着。

历史在表面上受偶然性的支配，但实际上是必然性在起作用，这一现象的根源在于人的活动合目的性与合规律性的矛盾。为了使主体活动尽量达到合目的性和合规律性的统一，就要在认

① 马克思、恩格斯：《德意志意识形态》，人民出版社，2003 年版，第 36—37 页。

② 《马克思恩格斯选集》第 4 卷，人民出版社，1995 年版，第 247 页。

清客观规律的基础上充分发挥主观能动性，“人离开狭义的动物愈远，就愈是有意识地自己创造自己的历史，不能预见的作用、不能控制的力量对这一历史的影响就愈小，历史的结果和预定的目的就愈加符合。”[①] 人具有创新能力是人与动物区别的根本标志，发扬人的创造性，发挥人的创新能力，既符合人的本性的需要，也符合历史前进的方向，从而使“历史的结果和预定的目的愈加符合”。有意识的生命活动把人同动物的生命活动直接的区别开来，人的创新实践构成了社会发展的动力，人们自己在创造着自己的历史，也就是说这个历史是人们自己创造的。任何人的活动都是在一定的社会中进行的，作为主体的人总是社会的人，即处在一定社会关系中的人。所以，人类进行创新活动具有历史性，其内容、性质、范围、水平都是受一定的社会历史条件所制约的，都是随着一定的社会历史条件的变化而变化的。

人的创新能力在形式上由一个个个体来完成，但是就其效果而言，是整体的。所以，我们在此研究人的创新能力，也不是以单个人为研究对象，而是落脚在全体人上，落脚在广大群众与整个民族上。正如恩格斯在《路德维希·费尔巴哈和德国古典哲学的终结》中谈到意志合力指出的那样：“如果要去探究那些隐藏在——自觉地或不自觉地，而且往往是不自觉地——历史人物的动机背后并且构成历史的真正的最后动力的动力，那么问题涉及的，与其说是个别人物、即使是非常杰出的人物的动机，不如说是使广大群众、使整个整个的民族，并且在每一民族中间又是使整个整个阶级行动起来的动机……”[②] 人的创新能力不是指英雄以及杰出的创新人士的能力，无论是从动机还是从价值效果来看，创新能力的发挥都是以广大人民群众为平台的。虽然社会分

---

① 《马克思恩格斯选集》第 4 卷，人民出版社，1995 年版，第 274 页。
② 《马克思恩格斯选集》第 4 卷，人民出版社，1995 年版，第 249 页。

工使个人意志、个人能力的发挥呈现分散、冲突的状态，但是整体的意志和能力通过社会交往联结起来，整合了单个的意志和能力，使历史的合目的性与合规律性相统一。整体的人民群众是历史的创造者，也是人的创新能力的承载者。

马克思和恩格斯指出："'历史'并不是把人当作达到自己的目的的工具来利用的某种特殊的人格，历史不过是追求着自己的目的的人的活动而已。"① 社会历史就是人的活动史，客观社会的历史其实是作为主体的人的历史，人是社会的载体，没有人，就无所谓社会和历史，也就无所谓社会历史的进步。历史合力论就在尊重客观规律的基础上彰显了人的主体地位，张扬了人的主观能动性，是关于历史主体创造作用的理论。坚持历史合力论意味着重视人的主体地位，注重发挥人的能动性和创造性，意味着社会成员作为一个完整的人，应占有自己的全面本质，全面而自由地发挥自己的创造性，从而使每个人的物质生活和精神生活不断得到提高，最终达到每个人的自由而全面的发展。

## 三、自由而全面的发展是人的创新能力的目标和条件

共产主义"是以每个人的全面而自由的发展为基本原则的社会形式"。② 自由而全面的发展是马克思恩格斯对未来社会的标志性设想，"代替那存在着阶级和阶级对立的资产阶级旧社会的，将是这样一个联合体，在那里，每个人的自由发展是一切人的自由发展的条件。"③ 这是马克思主义最高的价值追求，也是

① 《马克思恩格斯全集》第2卷，人民出版社，1957年版，第118—119页。
② 《马克思恩格斯全集》第23卷，人民出版社，1972年版，第649页。
③ 《马克思恩格斯选集》第1卷，人民出版社，1995年版，第294页。

最核心的命题。

回顾历史，真、善、美的统一是人们追求的最高目标和理想，自由而全面的发展则是体现了人类社会历史发展最高目标的一种追求和理想。作为一种目标追求，自由而全面的发展是价值判断和事实判断的统一，“任何一种解放都是把人的世界和人的关系还给人自己。”① 自由而全面的发展是人类发展与社会发展的必然要求，体现了人的最高价值取向。

从人的整个进程来看，人的创新能力和自由而全面的发展是互为因果和条件的。“个人的充分发展又作为最大的生产力反作用于劳动生产力。”② 人的创新能力使自由而全面的发展得以顺利实现，而自由的环境、全面的发展是人的创新能力发挥的前提，人的创新能力助推人们从必然王国向自由王国迈进。在人的创新能力作用的情况下，人们逐渐摆脱了自然界对自己的原始控制，并随着生产力的不断提高，人们从全面的物质劳动中解脱出来，开始进行精神层面的劳动，人类文明逐渐繁荣。人们使用自己的创新能力，不仅使物质生活提高、精神生活丰富，而且建立了人类特有的制度文明。

全面而自由的发展在社会发展的进程中实现，需要一定的前提条件。“全面发展的个人……不是自然的产物，而是历史的产物。要使这种个性成为可能，能力的发展就要达到一定的程度和全面性，这正是已建立在全面交换价值基础上的生产为前提的，这种生产才在产生出个人同自己和别人的普遍异化的同时，也产生出个人关系和个人能力的普遍性和全面性。”③ 当还不能满足

---

① 《马克思恩格斯全集》第1卷，人民出版社，1956年版，第443页。

② 《马克思恩格斯全集》第46卷（下），人民出版社，1980年版，第225页。

③ 《马克思恩格斯全集》第46卷（上），人民出版社，1979年版，第108—109页。

人们的生存需要的时候，一味地追求人的自由而全面发展的目标对于人们来讲是不现实的，但是随着人类社会的进步和生产力条件的不断完善，自由而全面发展的目标便可以通过努力而达到。使人们从为生存拼搏过渡到为理想实现而努力，这中间离不开人的能力的发挥，“生产劳动给每一个人提供全面发展并表现自己全部，即体力和脑力的能力的机会，社会生产劳动就不再是奴役人的手段，而成了解放人的手段。生产劳动就从一种负担变成一种快乐。”① 人类使用自身的能力改造外部环境，实现着人本身的解放，进而实现整个社会的解放。尤其是人的创新能力的发挥，是人的本质的集中体现，当人的创新能力能够充分发挥的时候，人才能称之为自由的人。同时，主体越自由，人的创新能力也就越强。人的创新欲望的彰显、人的创新能力的发挥都是个性的伸展，是人对自身生命的认可，是人的内在本质的外化表现，对人的创新能力积极促导，就是对自由而全面的发展目标的有效促进。

自由而全面的发展标志着异己力量控制人的历史结束，“人们第一次成为自然界的自觉的和真正的主人，因为他们已经成为自身的社会结合的主人了。人们自己的社会行动的规律，那时就将被人们熟练的运用，因而将听从人们的支配。人们自身的社会结合一直是作为自然界和历史强加于他们的东西而同他们相对立的，现在则变成他们自己的自由行动了。至今一直统治着历史的客观异己力量，现在处于人们自己的控制之下了……这是人类从必然王国进入自由王国的飞跃。”② 在异化活动中，人的能动性丧失了，遭到异己的物质力量或精神力量的奴役，从而使人片面发展，甚至畸形发展，但异化不是永恒存在的现象，而是受一定

① 《马克思恩格斯全集》第20卷，人民出版社，1971年版，第318页。
② 《马克思恩格斯选集》第3卷，人民出版社，1995年版，第633—634页。

生产关系制约的历史现象。当人们有意识地去创新、主动地去创新并且自由地去创新的时候，当人的创新能力充分发挥的时候，人就不存在异己的性质，人类的劳动是主动、积极的富有创造性的劳动，真正地发挥了劳动作为人的类本质的特性，不再是异化劳动。

在共产主义社会中，个人自由全面发展的状况令人向往："任何人都没有特殊的活动范围，而是都可以在任何部门内发展，社会调节着整个生产，社会调节着整个生产，因而使我有可能随自己的兴趣今天干这事，明天干那事，上午打猎，下午捕鱼，傍晚从事畜牧，晚饭后从事批判，这样就不会使我老是一个猎人、渔夫、牧人或批判者。"① 但是，这一切需建立在物质极大丰富、生产力极大发展的基础上的，而物质资料的丰富和充实离不开人的能力尤其是创新能力的发挥，人的创新能力作用在物质生产领域意味着创产——积极主动地创造财富和资产，只有在创新和创造中，人的物质基础才能牢固建立，并使人摆脱资产对人的异化，达到自由领域。

在共产主义阶段，人与自然的对立也完全消解了，"这种共产主义，作为完成了的自然主义，等于人道主义，而作为完成了的人道主义，等于自然主义，它是人和自然之间，人和人之间矛盾的真正解决，是存在本质、对象化和自我确认、自由和必然、个体和类之间的斗争的真正解决"。② 人与自然关系的理顺也有助于人们发掘自己的生态属性，发挥自身的创新能力。面对整个生态系统，我们应该树立人、自然、社会三位一体的生态理念，在不同的阶段，人、自然、社会轮流作为主体出现，这样才能最好地推进物质文明、精神文明、生态文明的建设，实现人全面而

① 《马克思恩格斯选集》第1卷，人民出版社，1995年版，第85页。

② 《马克思恩格斯全集》第42卷，人民出版社，1979年版，第120页。

自由的发展。重视人的创新能力，并积极发挥人的创新能力，意味着主动地消弭异化的影响，让劳动成为人快乐和幸福的来源，达到个人自由而全面的发展，并以此达到整个社会自由而全面的发展。

# 第四章　方法论视野中的人的创新能力

任何一种方法论的出现都是与时代发展息息相关的，目前，人本化的需求促进了人本化哲学认知的产生，在此，本书提出了人本化哲学方法，以支撑起人的创新能力的生成与发挥。人本化哲学方法顺应了时代多元化、和谐化的趋势，其特点是从“中介”寻找创新点位。利用人本化哲学方法，人的创新能力可以对这个多元时代中的多元化问题进行整合。

## 一、创新方法的作用

方法一般是指为获得某种东西或达到某种目的而采取的途径、步骤、手段等。任何实践活动都需要一定的方法，而且方法的可行性、科学性、合理性、时效性等因素会极大地影响最终结果的形成和目的的达到。方法存在于社会中的方方面面，与人们的活动息息相关，只要人们从事某种活动就必然会运用到某种方法。随着社会的发展，各种新情况的层出不穷，当我们面对新的问题、新的形势感到无计可施的时候，就意味着必须进行方法的创新，就需要有创新方法的应用才能解决新问题。面对新形势，如果仍然固守原来的方法和路径，就会带来盲目的浪费和效率的低下。我国有句古话叫：“授之以鱼，不如授之以渔”，这个道理在当今日新月异的知识经济时代的意义比以往的时代更加凸显。

方法是创新活动的重要工具，发挥人的创新能力，需要相应的方法论做支撑。创新方法是创新能力作用于实践的一个必经之路，是创新意识到创新成果的桥梁。方法越科学、越合理，创新也就越容易实现、越能够成功；反之，也很有可能南辕北辙、事倍功半。

我国古代兵法的代表作品《孙子兵法》之所以能够千百年来享誉中外，得到中西各国的认可与推崇，不仅成为世界各国军事领域中的必读之书，也成为经济、政治以及人们的日常行为与处世之道中的重要参考书籍，原因就在于它从无数的战争实例胜败中总结经验，创造性地总结出了军事上的谋略、技巧与套路，堪称是军事上创新方法的集大成者，《孙子兵法》的重大影响可以充分反映出人们对于创新方法的迫切需要。

创新方法为创新思维提供支撑和指导，从而实现理论的验证。创新方法是创新活动的关键一步，创新方法的科学性和有效性体现了一个人或者集体创新能力的高低与质量，创新方法是创新能力的实际表现与运用。创意的形式最终会以创新方法出现，没有方法论的引导就没有具体实践的突破。方法论作为一个处理“怎么办”的问题，是对“是什么”、“怎么样”、“为什么”等问题的解答与回应。而且，创新方法的研究设计与编制，具有很好的示范作用。方法上的创新也能带来理论上和思想上的突破，创新方法的实施本身就是一次创新思想的传播和教育过程，创新方法对创新思维有巨大的促进作用。

创新方法在创新活动中有钥匙的作用，它不仅帮助我们认识变化的世界、认识新的客体、形成新的目标，而且创新方法有助于我们形成创新过程的具体方案，确定行动的步骤和程序，最终快捷效率地解决问题，达到创新事业的目标。

具体一个学科有很多具体的研究方法，某一个学科是在发展变化之中的，在现代学科融合的大背景下，不同的学科研究方法更是出现了渗透和融合的趋势，方法论也出现了系统化、整体化的特点。站在系统的角度对各种特点的方法进行综合和集成，能更快地推动创新方法的进步。

当然，认识论决定方法论，创新方法的性质首先取决于其“认识”。唯物辩证法作为历史发展过程中一个崭新的方法论，其出现就是在唯物论的基础上形成的。创新方法不仅仅是一个方法，有时也会以方法链的形式出现。方法论与方法有层次区别，方法论是对方法运用的总结与概括，对方法的运用需要在基础条件、机会选择等方面注意把握方法运用对过程的控制。

目前，我国对于创新方法的重视还远远不够，早在民国时期，蔡元培先生就曾指出：“昔日所教授者，如理化、历史、地理等课，皆为前人之研究成果，言进程及方法者极少，今当注意方法问题。”这种不重视也导致了方法论在学术界的研究中属于冷门领域。这种情况亟待改善，2007 年 10 月 18 日，科技部、国家发展与改革委员会、教育部、中国科协上报国务院“关于大力推进创新方法的报告”，其中，温家宝总理、陈至立国务委员做出了重要批示。这是我国在创新方法推进方面的一个重要事件。

## 二、人本化需求促进人本化的哲学认知

新中国成立初期，受苏联传统教科书的影响，哲学领域对人本身的研究基本上处于忽视的状态，把人当做了阶级斗争的工具，政治斗争和官僚风气也压制了人的独立性和自主性，这是社会主义建设事业受挫的原因之一。十一届三中全会所确立的“解放思想，实事求是”的思想路线，把人们从自我压抑中解放出来，市场经济的确立大大增强了社会活力，也增强了人的主体

性与自主性。

现今，随着市场经济的不断发展，我国的改革开放事业已进入了深水区，越来越多的前所未有的问题摆在了大家面前，面临产业链落后、环境恶化、贫富差距过大以及弱势群体等问题，人们追求的主要目标是金钱和利润，人们面临经济异化现象。解决实践中的问题需要理论上的指导，而现在理论与实践存在两层皮的问题。此时，我们更应该思考：社会主义建设如何更好地深入下去？解放人、尊重人的社会体制是什么？作为实践指导者的理论要做出哪些方面的调整？既不脱离实践又不滞后于实践的理论尤其是哲学认知要往哪个方向深入？我们对理论命运的呼吁，也就是对中国命运的呼吁。①

我们的哲学应该以全球化为背景，深刻分析我国现今时代的本质。当今时代的发展趋势是和谐，在此基础上人们越来越多地关注于人本身这个主题，以人为本成为深入人心的理念，哲学也必须把握这个主题，用人本化的哲学认知达到促进社会和谐的目的。

随着对人的问题的关注和研究，从20世纪80年代开始，在我国哲学领域逐渐形成了“人学”方法和理论。“当代哲学的主题形态是人学”，“人学研究对象即完整的个人及其存在、本质和社会历史发展的过程与规律。”② 人学的兴起说明了人们对人本思维的重视。任何思维方式的长久性都来源于它能否跟随时代的发展而并行，随着时代的步伐及时换位。对于我国目前改革的阶段来说，发展已经由原来单纯地追求 GDP 增长变成了人口、

① 高清海：《找回失去的“哲学自我”：哲学创新的生命本性》，北京师范大学出版社，2004年版，第18页。

② 韩庆祥：《人学——人的问题的当代阐释》，云南人民出版社，2001年版，第76、第129页。

资源、环境协调发展。人本思维中的侧重点在于和谐，为改革的关键时期提供化解矛盾、维护稳定、促进和谐、调整社会关系的思维方式。

和谐社会呼唤人本方法，建设和谐社会应以创新的精神解决各种问题，这需要在实践中不断解放思想，以人本思维不断寻求推动社会进步的创新之路。提倡人本思维、人本化的哲学认知，为的是最大限度地激发各阶层、各群体、各组织的创新活力并形成社会合力，努力实现经济与社会的协调发展。

## 三、人本化哲学方法的内容：以“中介”寻找创新点位

发挥人的创新能力需要人本化的哲学方法，以确保人的创新能力持续不断地诞生创意。在人本化哲学方法中，“中介”是一个关键要素，要达到创新性地解决新问题、开解新矛盾的目标，就不能忽视对“中介”的把握。恩格斯说：“一切差异都在中间阶段融合，一切对立都经过中间环节而互相过渡……辩证法不知道什么绝对分明的和固定不变的界限，不知道什么无条件的普遍有效的‘非此即彼’，它使固定的形而上学的差异互相过渡，除了‘非此即彼’，又在适当的地方承认‘亦此亦彼’，并且使对立互为中介。”① 恩格斯在这里明确指出了中介在事物发展中的作用，这为从新的角度认识矛盾与事物提供了新的视角与层次。

对“中介”的发掘可以让人们从片面探索走向全面探索，从而发现人的创新能力作用的未知领域；可以从对立统一走向异同互补，拓宽处理事物的手段；以中介为桥梁，我们还可以得出

① 《马克思恩格斯选集》第3卷，人民出版社，1972年版，第535页。

辩证法的一个新形态——协同，这些都为生成和发挥人的创新能力提供了新的思路和方法支撑。

（一）从片面探索到全面探索

人要创新，对事物的探索就要从片面走向全面，全面探索会使人发现以往未关注的客体，这就是创新的点位。

事物存在的状态本身具有整体性与全面性的特点，“支配世界联系和发展的规律，是作为一个规律体系去发生作用的，各个规律之间也是相互制约的”。[①] 恩格斯说：“在任何时候都必须用思想的首尾一贯性去帮助还不充分的知识。”[②] 各学科间的联合协作、优势互补的整体性的发展，在知识经济时代，越来越受到人们的期盼。信息论、协同论、系统结构等的广泛流行足以证明：任何技术上的突破，知识上的创新，需要取决于事物间的统合，可从事物的整体运行、系统联系中开展预测性研究。研究事物之间或者事物各部分之间的联系，就必须分析事物连接的桥梁——介。列宁说过：“一切……都是经过中介，连成一体，通过过渡而联系。”[③]

“由于每一事物都通过各种‘中介’而同其他事物直接或间接联系起来，因而使得从个别事物到复杂体系，从非生命界到生命界和人类社会以至无限的宇宙，形成一个由无穷无尽的层次、中间环节的相互联结交织而成的普遍联系之网。”[④] 宇宙是普遍联系的，中介概念的提出就是为了解释此事物与彼事物之间以及一个事物内部各组成部分之间的联系。恩格斯这样指出过中介的

① 肖前主编：《马克思主义哲学原理》，中国人民大学出版社，1994 年版，第 166 页。

② 《马克思恩格斯全集》第 20 卷，人民出版社，1971 年版，第 376 页。

③ 《列宁全集》第 55 卷，人民出版社，1990 年版，第 85 页。

④ 肖前主编：《马克思主义哲学原理》，中国人民大学出版社，1994 年版，第 141 页。

重要性："如果我们拿两种极不相同的物体——例如一块陨石和一个人——来比较，那么我们由此得到的共同点很少，至多只有重量和其他一般物体属性是二者所共有的。但是，在此二者之间还有一个无限系列的其他自然物和自然过程，他们使我们有可能把从陨石到人的这个系列填补起来，并指出每一物体在自然系统中的地位，因而可以认识它们。"①

以往，对事物的分析总是从两面入手，现在我们不仅要看到两方的辩证转化，还要研究使双方能够辩证转化的介体，"中介"的存在实现了事物间的联系，为处在辩证关系的双方提供了转化的可能。介虽然重要，但是在以往处于被人忽略的状态，这也是因为中介多是以信息的形式出现，人们对信息的重视是随着时代的向前发展而逐渐显现的。"信息、物质和能量一起构成现实世界的三大要素……具体科学和最高概括的哲学都在使用信息概念。信息概念是现代科学中极为深刻而普遍的重大概念之一。信息化是当前和未来时代的一个基本特征。"② 信息的发现使我们认识到，客观世界是由物质、能量和信息三要素所组成，信息是物质和能量在时空中分布不均匀的程序，它提示了物质结构的实质及其变化的根源。信息正是恩格斯反复强调的"联系的中介"，比如在认识过程中，人们对客观对象的把握是通过客体表现出的信息进行的，信息是事物之间联系变化、发展作用的隐形桥梁。

要创新，就要探索未知领域，就要涉足未涉足的层面，全面探索要求人们看矛盾不仅看到矛盾双方，还要看到矛盾的中介；看世界，不仅要看到有形现象，还要看到无形信息的影响，只有这样，才能面对问题跃上一个新层次，找到一个新角度，寻求一

---

① 《马克思恩格斯选集》第 4 卷，人民出版社，1995 年版，第 339—340 页。

② 苗东升：《系统科学原理》，中国人民大学出版社，1990 年版，第 102 页。

种新方法，得出一个新成果。

（二）从对立统一到异同互补

随着现代科学的不断深入，人们已经越来越明确物质运动、时空、结构、系统等物质基本属性不是彼此孤立的，而是具有内在联系和统一性，从而形成物质世界各种基本属性的辩证体系，它为建立以物质的客观实在性为逻辑起点，以物质的变动性、广延性、持续性、结构性、层次性和系统性为基本内容的系统物质论体系奠定了坚实的科学基础。虽然宇宙处处皆矛盾，事事皆矛盾，但从整体来看，万事万物都处在和谐共存的系统中。可见，在矛盾产生的同时也同时产生着制导矛盾的法则。这表明，在统一性、对立性之外，矛盾双方还存在着另一种关系，即和谐并举的互补关系。

人们对互补性的重视开始于物理学中玻尔提出的互补原理。玻尔提出了“相反即互补”的格言，即对一个物理对象的完整描述必须通过两种不同的物理模型才能完成，这两种物理模型不能相互替代，只能互相补充。[①] 其实，在我国传统哲学中早就存在了互补的思想。《易传》提到的“一阴一阳之谓道”，这句话站在整体的角度看世界，阴和阳两个完全不同的性质互补构成了统一的整体，阴阳之间相互排斥，也互相转化。这说明，对立统一规律的基础平台是互补，在互补条件满足后，才发生了对立统一的演变过程。广为流传的太极图用图示形象地讲述了互补原理，太极图首先是一个圆圈，代表一个整体，整体中有黑白两色的阴阳鱼相互依存，而且黑中有白点，白中有黑点，相互渗透，是事物互补性的形象例证。

认识互补性不但有助于我们进一步认识矛盾，而且有助于寻

① 幸强国：《互补是对立统一规律的基本表现形式》，《四川师范大学学报》（哲学社会科学版），1994 年第 2 期。

求解决矛盾的和谐法则。毛泽东说："两个相反的东西中间有同一性，所以二者能够共处于一个统一体中，又能够互相转化，这是说的条件性，即是说在一定条件之下，矛盾的东西能够统一起来，又能够互相转化；无此一定条件，就不能成为矛盾，不能共居，也不能转化。"① 互补是此方与彼方互相补充而完善的整体。矛盾双方中的任何一方都是不完整的破缺性存在，此方缺的正是彼方有的，因此矛盾的先天本性是互补性，因为不互相补充所缺就不能守恒存在。矛盾的斗争性是后天活性，它毕竟是在先天本性的"指导"下去选择斗争方式。斗争方式是为了弥补先天所缺，并以完善自身为目的去实现守恒，一旦达到目的，斗争性就会暂时"歇息"，同一性显露出来。在目的实现前，没有同一性而言，因此才呈现"斗争是绝对的、无条件的"。

面对辩证的双方，我们不仅要看到其对立统一、相互转化的性质，还要看到其异同互补、和谐并举的一面。正是因为有异有同，双方才会既相互作用又不会直接吞并。异同互补为双方的对立统一提供了可能性和平台，使矛盾双方因相对交流、互补依附对方而发生联系。形象地说，矛盾的对立统一特性是在异同互补搭建的"舞台上演戏"。了解互补特性，有助于我们综合分析和运用事物间的联系与转化。比如，不同的思维方法之间具有互补性，我们只有看到这一点，才能综合运用各种方法，达到最好的思维结果。恩格斯在论述思维方法的时候曾讲到："归纳和演绎，正如分析和综合一样，是必然相互联系着的。不应当牺牲一个而把另一个捧到天上去，应该设法把每一个都用到该用的地方，但是只有记住它们是属于一个整体，它们是相辅相成的，才能做到这一点。"② 就像前文提出到逻辑思维和非逻辑思维一样，

① 《毛泽东选集》第1卷，人民出版社，1991年版，第333页。

② 《马克思恩格斯选集》第4卷，人民出版社，1995年版，第335页。

对待这两类思维方式，我们首先要看到它们是对立的，具有排斥性，也具有无法替代性，互补地运用它们，使其相辅相成是最佳途径。

老子在《道德经》中说道："和其光，同其尘，是谓玄同"(《道德经》五十六章)，玄同就有不同的事物互补在一起的意思。面对性质不同的矛盾两面、两方，不仅要看待它们之间的对立统一关系，还要看到异同互补的可能性，是互补的可能构成了对立统一的平台。从对立统一扩展到异同互补，可以开拓我们的思维，有助于我们认清事物的相互作用，为发挥人的创新能力提供新的思维方向和工具。

(三) 辩证法的新形态：协同

多年来，人们的思维陷在单纯辩证中，慢慢地把辩证法狭隘化了。由哈肯创立的协同学是一门新学科，协同学是关于具有多个组成部分的系统，通过子系统的协同运动而达到整体系统的有序演化的理论，将协同学的原理应用到方法论上，我们也应该看到在辩证的过程中，矛盾双方还会以协同的形式产生作用。事物具有系统性、自组织性、自协调性，这就是对协同原理的运用。

世界是多样化的统一，人、事、物均包含在内。目前社会的趋势是逐渐从单一化到多元化，各种元素虽各具特色，但却是兼容并包、相互尊重、彼此协调、共同协作。"这种有机体制自身，作为整体来看，有它的各种前提，而它所以能够发展成为一个整体恰恰就在于：所有的种种因素都从属于社会，或把它还缺少的器官从社会中创造出来。这样，它就在历史上发展为一个整体了。向整体的转化构成了这种体制过程中的一个环节，它发展中的一个环节。"① 在解决矛盾时，注意协同调节不同个性，有

① 《马克思恩格斯全集》第46卷（上），人民出版社，1979年版，第235—236页。

利于公平、公正、稳定、高效地解决问题。

历史和现实一再证明：只多样不统一就无法产生强大统一的生命力或凝聚力，不利于人类成长和社会进步；只统一不多样短期内是好事，但长期绝对大一统，会使人类和社会组织缺乏足够的活力和创造性，同样对人类成长和社会进步不利。而适度的多样性与适度的统一性的完美结合，就会给人类社会同时创造出巨大的活力、创造力和生命力。因此，对于人类来说，适度的统一和保持在适度统一下的适度多样性，永远是我们应当追求的一种理想境界。

在多元化社会中，我们要协调多样性与统一性。那么，多样性与统一性怎样才能“协调统一”呢？怎样才能做到既保持生动活泼的多样性世界，同时又达到一定程度上的整体统一，保持良好的社会秩序和协调性？无论理论上、虚拟下的办法有多少，但一切好办法的本质是一样的：求同存异，协同多样。在协同的形式中，一个系统内的各种要素相互作用，是多个要素一起作用而不是一个要素在作用。对立是协同的分工，斗争的必要性在于对和谐的调整。人和人之间也好，组织和组织间也好，国家和国家间也好，要处理好客观上或历史上存在的一些差异、分歧或冲突、争斗，最好的最有效也是最明智的方法，不是你消灭我或我消灭你，而是大家都坐下来研究、沟通、协商、建议，在肯定有分歧、矛盾的基础上，找出大家可以统一与共享的内容，实实在在地做到求同存异。

在多元化社会中，问题的出现呈现多样性，问题本身就可能不是单一的，这需要有新的方法来解决。人本化的哲学方法是应势而生的方法论，在人本化哲学方法的支撑下，人的创新能力以“中介”为桥梁，以“互补”为平台，以“协同”为目标，为处理、解决随时代发展而出现的新问题提供了保障。“某一民族在文化发展到一定的阶段时，对自身在宇宙中的位置与历史上的处境发生了一种系统性、超越性和批判性的反省；通过反省，思想形态确立了旧传统也改变了，整个文化终于进入一个崭新的、更高的境地”，[①] 这就是方法论的升级给人们带来的突破意义。

## 四、人的创新能力的多元整合

竞创时代，矛盾成链性出现，来源有多元化趋势，人的创新能力直接面临着以往时代没有的多元化以及矛盾链等问题的解决。从根本上说，每一类现实存在都是多元的，因为事物在不同的领域和不同的层次上具有不同的含义和性质，所以，存在都具有多重方面。对于创新过程来说，首先要容纳多样性事物的存在，不忽视、排斥任何事物。[②] 以多元思维为基础、以“中介”为创新点位和桥梁而构建的人的创新能力，有助于人们以简驭繁、以一领多，在多元整合这个时代话题面前具有比较优势。人的创新能力来自于多智协作，这种协作能培育团结友爱、和平谦让的素质，有利于社会在稳定中发展。

（一）多源信息处理

任何创新性观念的产生，都需要从贮存在头脑中的知识经验中提取有关信息，这种检索并提取的过程在信息加工理论中称之为激活。由于一个人知识经验中包括的信息繁多而复杂，所以全部将其激活既不可能，也没必要。因此就需要有选择性、有针对性地激活那些与解决问题有关的信息，这涉及一个多源信息处理的问题。处理多源信息的能力是人的创新能力中不可或缺的一面。信息的处理随着信息及要求的不同而做相应变化，如果处理

---

① 韦政通：《中国哲学辞典大全》，世界图书出版公司，1989 年版，第 767 页。

② 欧日成：《创造和谐的辩证过程：“和实生物”的重要内蕴》，《韶关学院学报》，2007 年第 5 期。

信息的能力差，要么相关的重要信息不能被激活，要么信息激活的强度不够，这都将会影响并阻碍创新性观念的产生。同时，如果一个人没有创新能力，面对多源信息就有可能以经验来判断，陷入混乱局面，很难从多源性越来越强的信息中提炼出有效结果，所以，人的创新能力对于多源信息的处理而言也是必不可少的，两者相互促进，互为条件。

多样性应该以统一性为参照系，多源信息虽然层次不同而且方向也不一致，但其总体目标是一致的。对于多源信息的处理，必须以目标为参照，这样才能既不违背多样性也不背离统一性。在过程中，信息呈现出不同的层次与不同的方向，在终极目标上则是相同的。通过实现共同的目标，各子系统和层次被紧密联系起来，不同的层次与不同的方向也被结合在一起，否则，容易回到两面性的老路上去，导致两个目标的误断。

为了处理好多源信息，我们需要开阔我们的思维和视野，不仅考察信息来源的纵向联系，还要考察信息来源上的横向联系；不仅考察时间上的前后联系，还要考察空间上的动静关系。现今社会，我们提倡用一元化思想引导多元化文化的建构，这就涉及多源信息的处理问题。文化的多样性来源于不同民族、不同阶级、不同经济成分和不同利益阶层的存在，以及多元国际文化的影响。坚持指导思想的一元化是我们党作为社会主义建设的领导者，根据先进文化建设的规律制定的根本方针。只有坚持指导思想一元化和文化发展多样化的统一，才可以避免文化建设上的专制主义和自由主义两种错误倾向，推动文化沿着社会主义方向发展和繁荣。而且，把握多源信息的协调中心，才能使多源信息相互合作发挥到最佳状态。因此，构建“和谐文化”，须以社会主义核心价值体系为主导，扎根于本国文化，吸收外来文化，形成“一元为主，多元齐放”和谐局面。

（二）多层智能升级

人的创新能力与智力的关系是一个古老而争论不休的问题。智力的含义，国外主要有因素说和结构说。美国学者塞斯登把智力概念分为七种主要因素（或能力），即词语理解力、语言流畅程度、计数能力、空间知觉、记忆能力、知觉速度、推理能力。苏联学者赞可夫认为，智力主要包括观察力、思维能力和实践操作能力。也有的心理学家把智力分为观察力、注意力、记忆力、思维力、想象力五种。还有一些看法，如认为智力是抽象思维能力，智力是认识能力，智力是适应情境的能力等。

但是，有关二者关系的研究结果表明：智力与创新能力两者的相关系数往往比较低。心理学家爱迪浩克利及其同事通过 IQ 测验，把 150 名学生分为三个小组（IQ = 110—120、90—l10、80—89）进行研究，结果表明：智商最高组的人格整合、情绪平衡和创造水平方面略高于其他两组，但并无显著差异。这说明越聪明的人，其创新能力越高的观点是错误的。一方面，我们不能以为智力与人的创新能力毫不相干，它实际上是人的创新能力的一个重要因素、重要条件；另一方面，高智力不一定具有高的创新能力。因为，人的创新能力是一种复杂的、综合的、高层次的智慧能力。智力若离开其他品质，并不能独立地有助于创新力。

故而，智能升级不是单纯的智商的提高，智商基本上是后天很难改变的现实。多层智能升级主要是由学习型、模仿型智能向原创性智能升级，由个体智能向集体智能升级，由期段性智能向可持续智能升级，即升级是指飞跃式、突破性的提升。人的意识是“大脑的反映”，大脑里“七个智力中心”的休眠神经被信息刺激觉醒之后，人才能产生自主意识的智慧，觉醒是智慧的根基。多层智能升级，关键是开发人的潜在能力，潜能只有被开发、训练、培养，才能成为可操作性技能。把自己的显化存在的显能创新力与潜态存在的潜能创新力联结起来、融合贯通、协调运作，才有可能既宏观地又具体地把握问题。

科学地发掘自身的潜能，完善自身的整体素质，是人类向进化日标挺进的客观需要。实现人才素质现代化是推动社会协调发展的根本保证。所以，智能升级的意义重大，应给予充分重视。

（三）多个整体布局

恩格斯说，“我们所面对着的整个自然界形成一个体系，即各种物体相互联系的总体”，“这些物体处于某种联系之中，这就包含了这样的意思：它们是相互作用着的，而这种相互作用就是运动”。[①] 多个整体构成一个系统，多个整体在形式上既具有多样性的差异，也具有某些共同特征，这些特征以及它们之间的相互呼应和衬托关系，体现了事物具备的共性和整体联系。我们今天所处的时代有一个重大的特征就是信息化与网络化，依托于信息这个中介的力量，人与人的交往出现了网状的联系，信息和网络使人与人的关系空前紧密起来，任何一个人都不再是孤立的，而是依附于某个群体的，无论这种依附是显性的还是隐性的，而群体组织呈现出一定的整体性。所以，信息时代是多个群体与群体之间、多个整体与整体之间共存的时代。

美国当代系统论者 E. 拉兹洛等人指出，整体性是现代系统论的重要原则，复杂现象大于因果链的孤立属性的简单总和，解释这些现象不仅要通过他们的组成成分，而且也要估计到它们之间的联系的总和。有联系的事物的总和，可以看成具有特殊的整体水平的功能和属性的系统。马克思的社会有机体理论表明，社会是一个具有自组织性、开放性、运动性的巨系统，[②] 因此考察

① 《马克思恩格斯选集》第 4 卷，人民出版社，1995 年版，第 347 页。

② 魏伟：《论马克思社会有机体理论对社会主义和谐社会建设的意义》，《湖北社会科学》，2007 年第 3 期。

社会运动，需要从整体布局入手。多个整体布局需要注意多样的整体和统一的系统之间的协调，要既避免单调乏味、呆板机械的局面又避免杂乱无章、纷繁散漫的状况。应把多样与统一综合起来考察，既在统一中见多样，又在多样中见统一，使人感受到既丰富又单纯，既活泼又有秩序的和谐统一美。

中介解决了多个整体间的混乱，使整体呈现出有序发展的状态。虽然多个整体之间会呈现出不同的性质特点，但桥梁可以将其联系到一起，并表现出统一性，使得整体以主体的发展方向为主导趋势，呈现出明确的发展方向。一部分与另一部分以及整体之间是和谐的，这个和谐的前提是多个整体之间的有效布局和多样协调。《周易大传》："地势坤，君子以厚德载物。"（坤卦）意思是，地势是坤，载物就是包容许多物类，有道德的人就应胸怀宽大，包容各方面的人，能容纳不同的意见。所以，在实践中，我们一方面要自强不息，努力向上，绝不停止；另一方面也要包容多样性，包容不同的方面，不能随便排斥哪一方面。

从认识论、实践观、唯物史观与方法论的角度对人的创新能力进行分析，是对人的创新能力的对象、性质、作用与功能的一个全面把握。从上述分析可以看出，认识论、实践观、唯物史观与方法论的区别只是在于它们侧重于哲学的不同层面而已，究其实质是相同的。无论是认识论和实践观还是唯物史观和方法论，它们都是在主体与客体的关系的框架中探究事物，其目的都是为了寻找主体与客体的一致。从认识的角度看人的创新能力，主要是在以分析研究为主的思维方式下，解决思维与存在的矛盾，找到思维与存在的关系在新时代中的新特点，为提高人的实践能力做准备。实践观点是马克思主义哲学对待一切问题的基本思维方式，从实践的角度分析人的创新能力，可以从根本上把握属人世界与自然世界的统一性，更深刻地理解实践活动是人类的独有活动的内涵。在唯物史观的视野中分析人的创新能力，是在历史与逻辑统一的思维下以时间为主线，以人类发展的历程以及人类社会历史现象总体的时空联系为背景，来展现人的创新能力的纵切面。在认识论、实践观、唯物史观的基础上，我们已经对人的创新能力有了一定的认识，在方法论中对其进行专门的方法层面的分析，只是将其功能运作抽象出来并给予专门的方法界定，将概念化的内容程序化。

# 下篇　提升人的创新能力的实践路径探索

为了加快创新型国家的建设，面对人的创新能力亟需提高的严峻现实，我们还需要从哲学层面落实到现实层面，在哲学理论的指导下，展开提升人的创新能力的实践路径探索。人的创新能力作用于各个方面，其提升也涉及各个方面。

提升人的创新能力应该首先从培育创新文化、提高认知水平做起，为提升人的创新能力营造良好的外部环境奠定坚实基础；在政治环境方面，从官本位的权力结构向人本位的权力结构转变，才能更好地激发人的自主性，为人的创新能力的发挥提供自由的政治环境；在经济方面，我们应该大力倡导创意经济，这既符合经济发展的大趋势，又为人的创新能力的发挥创造了良好的经济氛围；最后，在教育方面的配套改革也是必不可少的，彻底改变应试教育模式、建立创新式的教育模式有助于从青少年阶段便培养人的创新能力，同时建设学习型社会则有助于创新能力培养的持续化和长期化。

# 第一章　培育创新文化，提高认知水平

提升人的创新能力，不应先进行对外部环境的捷径的寻找，而应先寻求内因，转向对自身创新能力不足的反省，对自身创新内因的诉求来源于人的认知水平。“创新能力并不是一种要素片面发展或者若干要素简单合成的结果，而是主体创新个性因素和创新社会因素内在有机整合发展的结果。”① 文化是实践主体的群体对外部世界的态度反映，形成稳定的创新文化，对于“现实的人”的实践活动具有重要意义。

对于一个国家来说，为了提升国民的创新能力，不仅要培育创新文化，而且要注意创新文化的自主性，这样才有助于形成建设创新型国家的民族合力；创新就意味着失败的可能性，从整个社会环境来说，只有形成宽容失败的社会风尚，才有利于培养人们创新的积极性；能力本位理念的确立有助于人们形成正确的价值观导向，增加人们从过去关注人以外的“物”走向关注人本身的“能”的可能性，使人们琢磨创新；对于个人而言，责任感对于创新目标的实现来说是至关重要的，这也是我们在培育创新文化时需注意之处。只有将创新型国家构建的文化基础打好，我国的社会主义事业才能稳定、和谐、健康地发展。文化既是人

---

① 陈若松：《论人的创新能力的整合发展机制》，《湖南社会科学》，2005 年第 4 期。

们生活的环境，是人们精神的支撑，也是满足人们需求的源泉，功能主义文化学派就特别强调文化的基本功能是满足人的需要，而且文化在满足人的需要的过程中，形成了一个开放的价值体系。

## 一、促进创新文化的自主性

文化从广义讲，是人类在历史进程中创造的物质财富和精神财富的总和；通俗地说，文化是人们共同关注、研究和探讨的事物的现象和氛围；究其本质，文化是人类群体创造并共同享有的物质实体、价值观念、意义体系和行为方式。梁漱溟在《中国文化要义》中说道："盖人类文化占最大部分的，诚不外那些为人生而有的工具手段、方法技术、组织制度等。但这些虽极占分量，却只居从属地位。居中心而为之主的，是其一种人生态度，是其所有之价值判断。此即是说，主要还在其人生何所取舍，何所好恶，何是何非，何去何从。这里定了，其他一切莫不随之。不同的文化，要在这里辩其不同。文化之改造，亦重在此，而不在其从属部分。否则，此处不改，其他尽多变换，无关宏旨。此人生态度或价值判断寓于一切文化间，或隐或显，无处不在。"①罗素称，不管对于中国还是人类，文化问题都是根本，他把文化视为决定中国乃至世界未来发展的第一要素。罗素的观点具有一定道理。文化在无形中影响人们的行为，当文化导向发生变化时，政治、经济、社会的各个方面都将发生相应改变。

从文化自身的发展来说，创新既是文化发展的动力，又是文化的本质特征。我们一方面要促进文化自身的创新，另一方面，也要构建创新文化，为引领社会创新风尚作出努力。所谓创新文

① 梁漱溟：《中国文化要义》，上海世纪出版集团，2005 年版，第 86 页。

化，顾名思义，就是一种能够激发人们的创新意识和创新热情，增强创新动力和创新能力，鼓励和保障创新行为，为创新活动提供广阔空间的文化模式、文化环境的总称。[①] 创新文化根植于一个民族文明的发展，离不开对传统文化的继承。但世界是普遍联系的有机整体，创新主体在创新实践过程中不可避免地要受到其他文明的影响，吸收和借鉴其他文明的先进文化成果也是文化发展中的一个重要因子。

我国传统文化中不乏创新思想的火花，但是中国传统文化还是以儒家文化为代表的士大夫文化，儒家伦理作为宗教的替代品而统治了中国士大夫的心灵。儒家文化在特定的历史阶段对社会的进步作用是显而易见的，但是“独尊儒术”这种一枝独秀的局面本身就不利于文化的发展和进步，产生不了交流、互通和碰撞，形成不了百家争鸣的繁荣景象。另外，儒家强调纲常伦理，强调“仁”、“礼”，这种文化倾向就把人固定在了一种定式之中，不利于文化的创新和社会的发展。罗素在《中国之问题》中指出：儒家的孝道因为倡导家庭至上而严重地破坏了国民的公共精神，因为树立老的权威而造成了陈规陋习对民族心灵的锢闭，特别是当现代中国面临一系列必须依靠新观念和新方法才解决的新问题的时候，儒家伦理成为中国文明进步的严重障碍。[②] 面对中国传统文化在新形势下的危机，许多人开始了探求西学的征程，积极吸收外来文化的长处。在这个过程中，有一个原则必须遵守，那就是：对于国家和民族而言，只有文化自主，才能保持高度凝聚的民族精神，才有可能构建创新型国家。我国已经面

① 李正风、胡钰：《建设创新型国家——面向未来的重大抉择》，人民出版社，2007 年版，第 221—222 页。

② 冯崇义：《罗素与中国——西方思想在中国的一次经历》，三联书店，1994 年版，第 154 页。

临着人才外流、外来文化冲击我国传统文化等问题。文化不自主，就有可能成为丧失民族特性和独立性的文化殖民地。我们要保证本民族文化的一脉相承，同时，更要保证本民族文化的自主创新，这是我们在建构创新文化时必须注意的地方。

中华文化在一个多元和谐的背景下成长起来的，在任何时期都是以一种文化为主体其他文化为辅助的并存文化，可以说中华的文化最具备多元性统一的和谐经验。世界上很少有国家像我国这样，容纳了如此多个民族、多种文化元素，涵盖了如此广袤的地域和众多的人口。我国拥有着悠久的历史，创造了世界历史上最长时期的统一，在经受时代变更的百般洗礼之后，依然能够将其博大精深的文化展现在世人面前。在文化自主的平台之上创新，我们要处理好批判和继承的关系，继承是创新的基础，创新是继承的必然要求。任何一种自主的文化都是建立在本国文化传统之上的，失去了这个核心，也就失去了一国精神的根本。创新具有一定的规律，任何创新都不可能从零开始，而必须在已有的成就上更加前进，有所突破。如果若全部传统文化被推翻，一般人对其国家以往传统之一种共尊共信之心也没有了。[①] 当然，我们也要处理好借鉴和独创的关系，在我国传统文化的基础上广泛地吸收世界优秀文化，并进行积极地创新。

文化发展的根本在于内在要素的驱动，坚持以我为主的方针，坚持自我创新，以自身创新为核心的创新文化，才能使创新不断地得以深化和进行。如果失去了固有的文化传统，如果传统不能不断出新，一个民族的自我也就很难保持它的个性和特质。[②] 文化自主，需要贯彻“百花齐放”、“百家争鸣”的方针，

① 钱穆：《中国历代政治得失》，2001 年版，三联书店，第 152 页。

② 高清海：《找回失去的“哲学自我”：哲学创新的生命本性》，北京师范大学出版社，2004 年版，第 53 页。

这个方针贯彻得越彻底，文化自身的活力就越大，建设创新型国家的文化基础才越牢固。

在文化自主的平台上，应努力营造文化的创新性内涵。当创新文化成为社会主流的时候，社会就会形成发展中的难题在创新中解决、创新中的成果在发展中享受的风气，国民会将创新作为兴趣与责任，而不是为了生存才去创新。回顾历史，我们从关注虚无，到关注物，再到关注人本身，逐步接近了对创新本身的探求；现在，我们需要由创知到创见再到创新，树立以创新为荣、以固守为耻的社会新风尚。培育和促进创新文化的自主性不但是创新的内在要求，也是一个民族与文化持续发展的必然要素，创新文化自主性的形成与发展是“现实人”即创新主体与民族国家不断发展的不竭动力。

## 二、培养人的创新能力需以宽容失败为前提

人们发挥自己的创新能力基于的是无条件和少条件，是敢为天下先，所以，进行创新需以坚强的意志力作为保障和后盾，同时，也要在全社会树立宽容失败的理念和心态。创新，不能怕人犯错，怕的是人们不敢犯错，事事裹足不前，因循守旧。一个观念的调整就是：因创新犯错要宽容，但因不愿犯错而不去创新要受罚。而我们只有建立起和谐、平等、自由的环境，才能培养起人们的放松心态，让有创新能力的人不带有功利思想，不急于求成，能更加自由地进行科学探索和技术发明。

在我国的许多企业中，作为管理层的人员倾向于喜欢、信任和提拔听话的、循规蹈矩、不提反对意见的员工，对那些经常有自己独立看法、有创造性的员工有些排斥。这样的习惯就会使企业的氛围趋向于死板和封闭，使员工的自由性受到很大的限制，妨碍他们主动性和创造性的发挥。创新文化是营造轻松自由好环

境的重要因素。在此，我们可以借鉴国外的一些做法，比如上下级之间拥有相对平等的关系，组织内部有平等交流的氛围，有沟通顺畅自由的渠道，尤其是在人员任用时查看员工的错误率是多少，一般是犯过错的人在国外许多大公司反而会受到重用。这涉及如何看待对与错的问题。超越对与错，不以成败来判断对与错，而是以可持续的眼光来评判，才是正确的态度。

正确看待失败、宽容失败就是鼓励创新、支持创新。创新能力首先来源于创新意识，不对人们的创新精神以及创新道路上的失败予以宽容，那么人们的创新意识就会受到抑制，就不可能积极地产生创新冲动，创新能力的培养便无从谈起。盖茨先生甚至指责“成功是一个讨厌的教员”，成功无法充当我们走向未来的可靠的向导，因为创新总是和失败相伴而行。惧怕失败，缺乏创新、改革的勇气，这种心态是阻碍创新能力外现的重要因素。①

宽容意味着对他人的理解与尊重。宽容创新失败表达了一种态度，是对真理探索的支持。创新失败不是违背基本规律的盲动的后果，它是创新主体在规律的指导下，对旧的思维方式的突破和新的理念的确立，它反映的是创新主体在认识上的提升和对变动世界的确证把握，创新失败只是在这一过程中的创新主体的不完整认识。宽容这种失败就意味着对创新的支持，惟有如此，创新才能持续进行。在创新的过程中，宽容也是不同创新主体合作的前提，宽容的态度能够促进不同创新主体间思维的相互碰撞，使创新主体积极性得到有效发挥。

我们应当创造一个“鼓励创新，宽容失败”的宽松环境。爱迪生说过：“失败也是我所需要的，它和成功对我一样有价值。只有在我知道一切做不好的方法以后，我才知道做好一件工

① 陆云：《创新能力及其外化条件》，《重庆工学院学报》（社会科学版），2008年第9期。

作的方法是什么。”在创新成为主导企业命运重要因素的时代，只有宽容失败，才有可能走向成功。宽容失败是对人才的信任，是对知识创新所必须的自由精神的尊重。有一桩事阻碍我们把知觉新的、不同的事物放在首要地位加以强调，那就是害怕犯错误。[①] 没有哪一个开发者会保证他的创新一定成功，但如果不对他们的创新精神，包括对创新路上的失败予以宽容，则永远不要指望其最终的成功。

刺激和奖励创新的一个办法就是共享荣誉与失败。对于一个企业来说，如果企业文化鼓励共享成功，那么也应该鼓励共同承担失败，这样责任就可以分摊到很多肩膀而不仅由一个肩膀来承担。如果一旦创新失败，就要追究失败责任，会使创新主体在以后的创新过程中受到种种限制，这必然会削弱和打击创新主体的创新积极性，创新主体不敢承担创新的任务和风险责任，最终造成创新的低效率性甚至夭折，不利于社会的进步和创新文化的形成。

在这一点上，新加坡的做法值得我们借鉴。新加坡国家科技局自 2000 年专门设立了为鼓励失败的企业家东山再起以及改变公众对于生意失败者的偏见的“火凤凰奖”，以浴火重生的凤凰为标志。有意角逐火凤凰奖者，必须具备一个条件，即被提名者必须在建立起目前成功的生意前，曾经历过生意失败的经验。新加坡交通及资讯科技部兼贸工部政务部长林瑞生在 2001 年的“火凤凰奖”颁奖仪式上说：“火凤凰奖强调的是失败的正确一面——失败乃成功之母，我们能够从失败中学习；失败是创业精神和创意的一部分。”国内，武汉市在这一方面也有很好的尝试。2012 年，武汉市颁布的《武汉市科技创新促进条例》中也

① ［美］玻姆，洪定国译：《论创造力》，上海科学技术出版社，2001 年版，第 5 页。

明确了要营造宽容失败的文化氛围，保护科技创新人才的创新热情。这项规定明确指出，经科技项目管理单位组织的专家委员会认定，科技行政部门批准，原始记录能够证明承担探索性强、风险高的科技项目的科技人员已经履行了勤勉尽责义务，但仍不能完成该项目的，不仅不会影响其项目结题，还可继续申请武汉市利用财政性资金设立的科学技术研究项目。据悉，这样的规定在同类城市中是最为宽松的，为科技人才大胆创新免除了后顾之忧。武汉市的这种做法为其他城市树立了一个良好的榜样。

## 三、人的创新能力的培养需要能力本位理念的激励

理念的树立，在很大程度上影响人们的行为，在潜移默化中指引人们行动的方向。理念不同，会产生不同的行动方向、行动模式与行动目标。要使创新成为实践主体的内在目标和要求，必然需要相关的激励，而激励作为维持创新可持续的必要条件，需要树立“能力本位”的理念。

能力本位理念是由我国人学专家韩庆祥教授提出的，“从哲学高度看，这一价值观念是以人的能力充分正确发挥为重”。①创新能力是人的能力的一种，而且是最核心、最本质的能力。关于这一点，韩庆祥教授也曾经说过：“在知识经济时代，无论是对知识的发明、学习、理解、消化和掌握，还是对知识的宣传、传播、运用、消费、分配和再生产，都必须依靠人的创新能力，只有这种能力，才能使知识得到发明、运用和发挥作用”，“社

① 韩庆祥：《建构能力社会——21 世纪中国人的发展途经》，广东教育出版社，2003 年版，第 40 页。

会发展的动力是具有知识与创新能力的人，是以创新能力取胜的人。”① 与金钱本位及权力本位不同，能力本位把人的能力摆在了重要位置，这不仅有利于人的能力的充分施展，也有利于人的本性的自由发挥，从而有助于实现人的全面而自由的发展。在金钱本位的理念下，人们处在“物的依赖”中，人成为机器的附属，人的主观能动性遭到压制，为了将人们对物的依赖转变成合乎人性的依赖，必须注重人的独特本性——创造性的发挥，积极运用人的创新能力，通过物来表现和展现自己，实现每个人的创新本性与能力作用。在权力本位的理念下，人为权力服务，人成为了权力运作过程中的一个个机械的部分，人类本身具备的优良品质和独特创造性不是为了人类的全面而自由的发展服务，而是为了获得更大的权力服务，这容易滋生官僚主义、利己主义等不正确的价值观，进而造成社会生产力的极大浪费。

创新作为“现实人”认识实践对象能力的表现，它必然要以人的能力为基础；同时，人的能力只有在基本规律的指导下，通过理性的认识过程，才能实现创新，才能实现实践主体对实践对象的科学认识。能力本位既在于倡导每个人要通过充分正确发挥其创造能力，为集体、国家、社会以及人民多做贡献，实现个人的社会价值，也旨在要求国家和社会为每个人能力的充分正确发挥创造条件，要围绕如何充分正确发挥每个人的能力而运作。② 在创新激励中，坚持以“能力为本位”的理念，就要求无论是物质的还是精神的激励手段，应有助于创新主体能力的正确发挥和发展，只有这样才能在创新的过程中使人的创新能力得以充分发挥和运用。

---

① 韩庆祥：《建构能力社会——21 世纪中国人的发展途经》，广东教育出版社，2003 年版，第 36 页。

② 韩庆祥：《能力本位》，中国发展出版社，1999 年版，第 92 页。

评价创新成果，应该以能力提升与充分发挥为标准。以“能力本位”为核心的创新激励的评价标准不在于一次创新是否完成和成功，因为对新的事物和客观规律的认识不是一蹴而就的，它是一个漫长的过程，在这一过程中不可避免地会出现曲折；其评价标准在于创新是否具有绩效，即其中能力发挥的状况和对社会贡献的大小。只有这样，才能使全社会关注创新，发展创新。

在能力本位理念下，人的活动围绕着如何更大地发挥人的能力这个中心进行，当“血缘”、“金钱”、“权力”等范畴与能力发生冲突的时候，能力成为首要考虑因素。在这种理念之下，保证了社会的公平，同时也符合效率优先的原则。能力本位理念的确立弱化了拜金主义的价值观，弱化了人们对物的依赖，有利于人们真正尊重人才，有利于集体主义的价值观的深化，也有利于社会整体的人才资源的优良配置。只有先确立了能力本位的原则和理念，把人的能力发挥作为人们的价值取向，人的各种能力才能得到充分发挥和培养。其中，作为人的能力最本质的创新能力，也才能够得到人们的极大重视。

## 四、创新主体的责任感影响创新目标

创新主体是创新目标的设定者和实践者。创新责任感，是指创新主体对自己在承担创新的责任中做出的行为选择及后果是否符合内心需要而产生的不同态度的情感体验。创新责任感不但是一个主观范畴，更是一个实践范畴，只有在实践过程中才能体现。这种责任感是创新主体在接受创新的任务后，内化为内心的一种心理状态，它是创新主体在创新过程中的动力。创新行为实施的第一步来自于创新主体的创新冲动，创新主体是整个创新行为的承担者，为了保证创新目标的落实，我们必须增强创新主体的责任感，即让创新主体愿意、乐意去创新，将创新作为自己的责任去承担，这样才能持久创新。

创新主体的责任感所反映的是创新主体对创新活动的认同程度，其强弱会影响主体在创新过程中主体能动性的发挥。“意识是行动的先导”，对创新目标的认同度越高，主体对实践对象把握的主观愿望也就越强，创新主体所投入的精力也就越多，主观能动性的发挥也就越与实践紧密结合。同时由于创新实践是主观见之于客观的活动，所以，在创新目标实现的过程中也实现了自我，在认识自我的基础上发展了自身的能力和才干。

创新的良好效果来自于人们的兴趣，但是不能仅仅依赖人们的兴趣去实施创新行为，毕竟兴趣具有太多的随意性与不确定性。目前，关于创新主体的意识方面，人们在鼓励、激励创新冲动与培养创新意志上面给予了较多关注，这些方面对于培养的人创新能力而言，当然是不可或缺的。但是，不赋予创新主体以创新责任，那么创新冲动和创新行为就不具有坚实的地基。责任是人们必须去做的事情，而兴趣是人们可以选择去做的事情，创新不能仅仅成为人们的兴趣，还应该成为人们的责任。当创新在人们眼中是一件可有可无的事情时，创新实施的可能性就不大，而增强人们的创新责任，使创新主体认识到创新之必须意义时，创新能力的培养机会便会大大增加。

增强创新主体的责任感，需要以创新文化作为人们的精神指引。这种创新文化的指引效果有些类似于信仰的作用。信仰对一个人的精神起着导航和引领作用。人们往往将信仰与宗教联系，这其实是一种偏见。从文化的角度来说，信仰是期盼和确认双重构成的系统，其基础就是文化的支撑。一个信仰对象的存在，无论其发源在哪，都依托于一定的文化基础，是文化的精髓体现，并反过来不断丰富着此种文化。创新文化以创新作为自己的核心理念，既包含了人们对未来创新的期盼，也包含了人们对历史创新的确认。创新文化代表了作为创新主体的人对社会、经济、文化等的本质的认知与追求，坚持这种文化建设的方向，一方面是确认了创新是一种值得提倡的，鼓励的行为，另一方面，也肯定了创新不仅关乎人的发展，也关于人的生产，是一种人们必须去做的行为。

时代的新要求与创新的紧迫感有助于创新主体树立创新责任感。在知识经济时代，个人、民族、国家在竞争中取胜的关键是知识的多少、智力的高低与创新能力的大小。面对异常激烈的国际竞争形势，创新是一个国家迫在眉睫的任务。为了国家的繁荣富强，创新应成为每一个国民不可推卸的责任。从个人来说，为了能够在竞创时代屹立不倒，获得全面发展，每个人也必须持续创新。总之，一方面，我们要培养人们去创新的兴趣；另一方面，也要灌输创新是人们义不容辞的责任的理念。创新主体的责任感牢固后，创新行为的实施就像有了一个无形的监督，创新行为便得以顺利完成。

# 第二章　政治法律环境的改善

人生活在体制之中，体制看似只是外部环境之一，但是其影响力的作用强度可以和人的潜在倾向相媲美。“创新的种子要发芽生长，需要适宜的气候和环境。发展创新文化、培育创新精神、需要观念的支撑，更呼唤制度的保障。”① 建设创新型国家，必须深化政治体制改革，为培养和发挥人的创新能力提供一个良好的政治环境。人本化的政治环境、人本型权力结构才能促进人的创新能力的提升，同时，我们还要激活政治家的人本创造性，以政治家带动普通大众，形成共创新、同提升的局面。

## 一、权力结构决定权力运作方式

党的十七大报告在关于加强对权力运行的制约和监督中，提出“建立健全决策权、执行权、监督权既相互制约又相互协调的权力结构，形成结构合理、配置科学、程序严密、制约有效的权力运行机制，保证人民赋予的权力始终用来为人民谋利益”。② 这是对权力结构和运行机制认识的进一步深化，对于深化我国政治体制改革，具有重要的引导意义。

权力结构的重要性在于权力结构直接决定了权力的运作方

① 任仲平：《论发展创新文化与建设创新型国家》，《人民日报》，2006—4—5。

② 人民网：www. people. com. cn，2007—10—15。

式，而权力的作用方式会影响国家、社会和人们生活的方方面面，乃至影响国家的发展道路和方向。马克斯·韦伯认为，在中国“资本主义之所以没能发展出来，其原因几乎完全在于国家的结构”。[①] 与西方社会结构的多元性相比，我国在秦朝以后，一直是中央集权的封建专制国家，皇权的力量大于一切，在这种一元化的社会结构中，现代意义上的工商业资本主义不具备发生条件，经常是在萌芽阶段便被压制下去了。

从我国传统的历史来看，我国是农业社会，强调集权和共同体的利益高于一切，每个人也必须依附于这个共同体，费孝通先生在《乡土中国》一书中指出：“我们传统的社会结构里最基本的概念，这个人和人往来所构成的网络中的纲纪，就是一个差序，也就是伦。”这个纲纪很难根本改变，具有固定性。这种强调集权与集中、统一与服从以及权力管制的社会纲纪必须通过一种社会结构以及权力运作体制来体现，这就逐渐形成了权力至上的、自上而下的、金字塔式的社会层级结构，[②] 其权力结构的典型特征是“官本位”。在官本位的权力结构中，人们不仅在经济、权力、利益上是不平等的，而且在人格上也是不平等的。

传统权力运作方式意味着权力方向是从上向下的作用，上级对下级有绝对的控制权和命令权，而下级对上级却没有有效的建议权和监督权。实现政治公平、政治平等、政治稳定，要求政治体制与经济体制相适应，需要政治体制转型，需要政治制度改革与经济制度发展相吻合，需要创新公共权力的运行方式。

目前，随着改革的逐步深入，应该说在经济体制方面，我国

---

① ［德］马克斯·韦伯：《儒教与道教》，江苏人民出版社，1993 年版，第 120 页。

② 韩庆祥：《看待改革问题不能固守“体制决定论”》，《江南论坛》2007 年第 6 期。

已经基本上实现了从计划经济向市场经济的转变，经济基础发生了巨大改变，而我国的政治体制则是滞后的，与经济基础的变化不配套，这对生产力的发展造成不利影响。为了及时革新那些妨碍生产力发展的僵化体制和政治因素，形成有效的权力运行方式，必须改革现行的权力结构，“树立政治以人为本的观念，致力于中国人民的政治主体性价值和地位的真正确立，以及人民主权和人民根本利益的有效保障，克服官本位的传统观念”,[①] 从而为经济和社会的正常发展提供良好的政治保障。

## 二、培育人本型权力结构

政治制度是最现实的，每一制度，必须针对现实，时时刻刻求其能变动适应。[②] 我国现在已进入了以人为本的大环境，人们对以人为本的呼唤必然要求政治上的制度做相应的转变，构建人本型权力结构是大势所趋。党中央决定在 2020 年基本建成创新型国家，创新的主体是党、国家和人民。党的职责是领导创新，国家的职责是提供创新平台，人民的职责则是参与创新，为了将各个主体的创新性都调动起来，也需要人本型的权力结构来支撑，让最广大的人民群众都参与进来。

从官本位到人本位的转变是在实践中切实落实人的创新能力的政治前提。在官本位中，以权力、势力为核心要素；在人本位中，以能力、潜力为核心要素。从官本位向人本位转变，不仅可以实现人的主体地位和主体利益，更可以发挥人的创造性。为了在政治体制上营造有利于创新的优良环境，我们需要从根本上改变官本位的权力结构与政府权力运作方式，将“以人为本”作

① 郑传坤主编：《现代政治学原理》，山西人民出版社，2001 年版，第 334 页。
② 钱穆：《中国历代政治得失》，2001 年版，三联书店，第 48 页。

为基本原则，培育人本型的权力结构。创新政策的发布者和实施者是由政府承担的，在科学发展观的指导下，我国的政治体制改革已经有了较大幅度的改进，最为明显的就是政府职能的转型。培育人本型权力结构，需以有限政府理念为基本出发点，以上下互通、平等和谐为目标，建设服务型政府。

当代政治发展逐渐呈现一种人本化的趋势，这种人本政治理念的确立和结构的建构，是马克思主义人本政治思想的反映。所谓人本政治，就是一切政治活动要坚持“以人为本”，以人为出发点。在中国社会主义现代化的历史过程中，政治家提出了“以人为本”的科学发展观，实质上是要坚持人民群众创造历史的观念，实现人的自主创新和自我解放，是在现实性的政治生活实践中，贯彻“以人为本”的历史唯物主义基本原则。①

在人本型权力结构中，首先要尊重公民的自由权。只有宽松且自由的环境，才能生长出创新的种子。中国传统文化尤其是儒家文化强调人文精神和人伦道德，注重集体对个人的征服，客观上限制了个体作为人的自由，使人的创新精神、竞争精神、开放心态、开拓勇气都受到了限制。社会压力和禁锢会阻碍人的创新能力的发展和发挥，创新需要个性自由，没有个性自由，也就没有创新。②

其次，人本型的权力结构要建立从下而上的监督机制。这种从下而上的监督机制和自上而下的管理机制相结合，可以保证权力的公正运行，可以随时纠正不符合人本要求的权力行为。在官本位的权力结构中，权力是逐级管制，但是由于缺乏有效的监

① 刘俊祥：《人本政治论——人的政治主体性的马克思主义研究》，中国社会科学出版社，2006 年版，序 1。

② 许全兴：《马克思对德国古典哲学自由精神的继承和发展》，《中共中央党校学报》，2005 年第 3 期。

督，权力不能制衡，最终导致权力的滥用。有效的权力运行方式应该是由上至下的领导权和由下至上的监督权共同构成，这样才可以既防止官官相护又防止权力寻租。在这种权力运行方式下，以建立公共服务型政府为目标，能为人的创新能力的发挥提供良好的环境。

人本型的权力结构要为弱势群体提供更公平的信息和情报，让每一个公民都有公平竞争获利的机会。一方面，要调节富人与穷人在经济收入上的失衡，鼓励富裕阶层参与国家科技创新活动；另一方面，要加强国民的人力资源建设，培养国民的创新能力，即要引领、丰富民众的文化生活，培育并提升国民的创新需求，并且要扶持相对贫困阶层，并以集训式的职业技能培训来提升其生存技能，从而为国家持久创新提供不竭的动力。

## 三、激活政治家的人本创造性

一个国家和民族的创新能力依靠的是各种人才的创新能力，尤其是行政管理人才的创新能力对创新活动的开展具有重要影响，因为他们能起到带领、示范及榜样的作用，可以影响甚至是改变一群人的创新行为。随着创新成为整个时代的显著特征，培养和开拓创新能力正在成为新时期领导干部的当务之急。创新，既是做现代合格领导者最基本的素质之一，又是合格的领导者最基本的职责之一。尤其是在知识经济的大背景下，领导干部必须承担起引领创新的责任和义务。

激活政治家的人本创造性，就是要激发并确立政治家领导创新的领创能力，这才是稳定执政的不倒旗。在新形势下，执政管理层的考验、挑战是多方面的，紧紧抓住“领创力”这个诸多矛盾的关节点，无疑就站到了知识经济时代的制高点上。

激活政治家的人本创造性，可以为政治上的改革、经济上的开放、文化上的发展提供切实的创新主体和保障。代表利益的最高价值是能够创造利益，创造才是真心服务，而不断为最广大的人民群众创造财富才是先进的体现。激活政治家的人本创造性，是为了树立“领创执政”的新风尚。在全球化、信息化、多元化的当今世界，处在执政地位的领导干部必须倡导、引导、领导人民创新，并积极制定有利于创新、促使国家强盛的政治策略，这样的政治家才能博得人民的欣赏，拥有这样政治家的政府才能获得广大人民群众的拥戴。

“人的发展，其根本动力在于发挥人的主体性”，“从本质上说就是确立人在世界中的主体地位，发挥人的主体作用。”① 领导干部在整个社会和权力机制运行中的特殊地位决定了他们应该首先成为创新的主体，只有这样，才能激活其内在的创造激情。领导干部不能将自己定义为创新的辅助者或者是服务者甚至是旁观者，而是应该明确自己创新主体的身份，以便更有效地引领创新，起到榜样引导作用。

为了激活领导干部的人本创造性，应提高政府推行创新体制的行政效力，为领导干部发挥创造性营造良好氛围。首先，要明确各级政府推进创新体制的责任，清晰界定各自的职责范围；其次，对各政府的创新行动及执行情况进行监督，对于那些违反规定、漠视法律存在的组织和个人及时问责，发现问题，严肃处理；第三，通过信息公开与建立多方参与的监督机制，加强对各级政府与管理部门的监督，督促与创新行动相关的政策落到实处。

领导干部的执政责任首先是引领创新，不创新便是最大的不作为。应根据领导干部的创新行为建立相应的奖罚制度，对其行为进行监督、管控、规范、约束和教育，倡导并鼓励他们在创新

① 顾智明：《人的发展：马克思的视角和方法》，《南京政治学院学报》，2000年第3期。

方面有所作为。并应采取一些行之有效的方法来解放和开发领导干部的创造潜能，发挥他们的创新精神，培育他们的创造能力。加强党的执政能力建设，其实质意图和目的之一，就是着眼于解放和开发领导干部们的创造潜能和创造个性，从而使他们成为具有学习能力、实践能力和创新能力的人，这样的人才能使创新型国家的建设更具生命力。

## 四、加强创新方面的立法工作，切实保护创新者的利益

创新成果作为独创性活动的最终结果，其保护问题直接涉及创新者的利益，与创新者进行创新活动的动力和持续力直接相关，所以，加强创新方面的立法工作，切实保护创新者的利益，对于培养创新活动的动力，拉升人们的创新热情，提高创新能力和竞争力具有十分重要的意义。尤其是在目前创新成为各国经济发展的主要动力的趋势之下，法律方面的配套和到位无疑十分关键。创新体系建设拥有司法保障，才能保护智力成果，激励自主创新。

创新活动需要良好的软环境的支撑，这其中不仅要有政策上的引导，也要有法律上的保护。有效、良性的法律制度是创新活动顺利开展的可靠保障。美籍奥地利经济学家约瑟夫·阿洛伊斯·熊彼特于1912年出版的《经济发展理论》中首次提出了对技术创新成果的保护创新理论。为了保护创新者的利益，必须构建创新保障体系，建立起有利于创新活动进展的政策和法律环境，抑制有损创新活动的行为，促进创新成果的产生，保护创新成果交易行为的完成及交易主体目标的实现，为创新主体创造一个健康、公平、有序的法律环境。

20世纪60年代以后，世界各国纷纷制定专门的科技创新基

本法，如美国1976年制定的《国家科学技术政策、组织和重点法》、1980年颁布的《史蒂文森—威德勒技术创新法》，日本1995年制定的《科学技术基本法》。法国1983年首次制定《科研指导法》，采取立法手段保障国家创新，1999年，法国颁布了《技术创新与科研法》，2004年法国政府又开始研究与制定新的《科研指导法》，明确了对创新型企业的法律保护框架。韩国1997年制定了《科学技术创新特别法》，德国为了鼓励职工自主创新，在1957年就颁布了《职工发明法》，对职工的专利、外观设计保护专利发明、技术和管理改进等方面的申报、评审和奖励等做了明确的规定。上述法律的出台，对于推动本国科技进步以及经济发展起到了积极作用。

新中国成立后尤其是改革开放以来，我国相继制定并实施了多项与创新有关的法律法规。第八届全国人大常委会第二次会议于1993年7月2日通过的《中华人民共和国科学技术进步法》，是我国科技创新方面的基本法。我国在创新立法方面的最大步伐应该属于2012年，为深入贯彻全国科技创新会议精神和党中央、国务院《关于深化科技体制改革加快国家创新体系建设的意见》，最高人民法院印发了《关于充分发挥审判职能作用为深化科技体制改革和加快国家创新体系建设提供司法保障的意见》。意见指出，各级人民法院要进一步提高认识，切实增强服务深化科技体制改革和加快国家创新体系建设的责任感和使命感。要以激励创新源泉、增强创新活力、发展创新文化为导向，高度重视与科技成果孕育、创造相关的案件审理，遏制侵犯科技成果权的违法犯罪行为；高度重视与科技成果流转、转化相关的案件审理，规范和引导技术创新活动；高度重视综合采取各种工作措施，积极营造有利于科技创新的司法环境，为深化科技体制改革和加快国家创新体系建设提供有力的司法保障。意见强调，要加大智力成果保护力度，有效激励自主创新和技术跨越。要切实贯彻加强保护、分门别类和宽严适度的知识产权司法政策，根据原始创新、集成创新和引进消化吸收再创新的实际和特点，进一步完善专利等科技成果司法保护体系和裁判标准；依法履行对专利授权确权行为的司法审查职责，不断提高专利授权确权的质量和效率，积极鼓励发明创造；加强工业设计司法保护，激发设计人员的创作热情，积极推进我国工业设计和制造水平的深刻变革；依法明晰技术成果归属，既激励企业职工从事技术创新的积极性，又鼓励企业加大研发投入，增强社会创造活力；妥善处理专利与标准的关系，实现标准和技术创新的互相促进和良性循环，共同提高创新主体的核心竞争力；依法制止科技领域的不正当竞争和垄断行为，营造公平有序的创新环境，促进创新资源的合理配置和高效利用；加强商业秘密司法保护，维护合法正当的创新秩序……要加强统筹协调，完善工作措施，进一步提高司法保障能力。要加大调解力度，不断完善多元纠纷解决机制；积极完善知识产权审判体制和工作机制，不断满足科技创新对知识产权司法保护的新需求；加强能动司法，及时发布司法解释和司法政策，及时提出立法建议和司法建议，加强司法宣传和舆论引导，积极推动知识产权创造、运用和管理水平的提高。①

但是，整体而言，我国目前的创新保护法律体系有抽象的倾向，在高新技术研究、高新技术产业发展以及风险投资等方面还存在立法滞后现象，也存在法规不协调甚至相互冲突的情况。为了切实保障创新主体的利益，应进一步完善知识产权相关立法，尽快出台专门的《创新指导法》作为创新活动的基本法和统一法，加大监督力度和执法力度，扩大法律覆盖面。相关法律的出台，不仅会为我国的创新创业事业提供巨大助推力，也将对我国制度革新起到积极的先导作用。

---

① 张先明：《保护智力成果激励自主创新》，《人民法院报》，2012—7—24 日。

# 第三章　拓展创意经济

创新型国家与资源型国家的区别表现在经济模式上，就是资源型国家的经济发展以消耗材料为基础，创新型国家的经济发展则以虚拟、仿创为基础，以人的创新能力为核心要素来促动经济协调发展。恩格斯在谈到生产要素时指出：除了“土地、劳动、资本外，还包括经济学家想也想不到的第三要素，我指出的是简单劳动这一肉体要素以外的发明和思想这一精神要素”。[①] 发明、思想等精神要素根源于人的创造力、创新能力，以人的创意与创造力、技能与潜能为主要驱动力的经济形态即创意经济。拓展创意经济，既符合创新型国家建设的要求，也可使人的创新能力在发展创意经济的过程中得到增强。我们国家目前的经济发展虽然还存在“以耗物拉动增长”的状况，但这种偏离创新型国家轨道的情况已经开始扭转。为了拓展创意经济，我们应从产业链的高度发展经济，充分意识到发展创意经济的必要性；在分配制度上，应建立先行与反哺的回旋制度，既调动人们创新的热情，又为条件不足者提供创新的可能；另外，应加大对创产者的资助力度，形成全民竞创、营创的局面。

---

① 《马克思恩格斯全集》第 1 卷，人民出版社，1956 年版，第 607 页。

## 一、从产业链的高度发展经济，着力发展文化创意产业

现代经济的一个显著特点就是，伴随着社会分工和专业化的深化，经济运行中的各种要素的联系在不断加深之中。经济活动中的生产过程是由一系列有关联的生产环节组成的，各生产主体之间也是密切相关的，这种关联促成了产业链的产生。产业链这个词语从整体的角度，描述了各产业间的相关性与各产业层次之间的联系。从功能构成来看，产业链类似于一个生态链，是生态链在经济运行中的一个缩影。站在产业链的高度发展经济，不仅有利于实现经济运行的可持续发展，而且有利于人们站在产业链的前段、根据未来走向发展现实经济。从产业链的角度来看，发展创意经济是我国经济发展的必然选择。创意经济是创新概念的具体延伸，当工业时代的“规模取胜”、信息时代的“技术为王”渐行渐远的时候，一个崭新的创意经济时代正在到来。①

从我国目前的产业层次来说，我国经济在国际上主要处在产业链的中下游，以劳动密集型制成品为主，依赖产业链上游获得生存和发展机遇。这个位置既要承受产业链上游的成本压力，又要承受来自需求的压力，被动而且对市场变动极其敏感。所以，这次金融危机对我国外贸冲击较大，我国是一个外贸占经济比重很大的国家，大部分产品出口到欧美市场，金融危机造成欧美市场的需求大幅减少，直接导致了我国沿海很多外贸企业由于接不到订单濒临倒闭。从产业关联程度来看，我国产业链的链条并不紧密，资源配置效率不高。在经济增长因素当中，不少企业在单

① 光明网：www. gmw. cn，2007—12—16。

纯依靠加工贸易实现盈利，出口中的部分产品是贴牌加工。比如在玩具出口方面，加工贸易就是最主要的贸易方式。根据海关统计，2007 年玩具加工贸易合计出口 48.5 亿美元，占玩具出口总额的 57.23%，服装的出口同样是加工贸易占主导。从资源加工深度来讲，我国的加工贸易多以初级产品与高耗能产品出口为主，技术水平高、增值含量大的加工制造产品不多，因此资源的利用率不高。从国内来说，我国主要生产低附加值产品，不少商品的核心技术需要从国外进口，没有自己的自主知识产权。比如我们日常使用的手机，其核心的芯片技术便是依靠从国外购买技术专利。

我国在国际产业链中的位置和国内产业链的整体状况，既不利于经济的自主创新，也不利于我国产业竞争力的增强。我国须加快提高生产的国际分工位置，提高产品的附加价值。世界上经济发达的国家，其经济发展大都依靠科技取得先机，对资源进行精加工，从而在产业链中处于上游。纵观世界上发达国家的发展历程，无不是由于高科技和创意经济的主导地位而使经济发展产生质的飞跃。要建立完善的产业链，鼓励创新、发展创意经济、发展文化产业是首要任务。文化产业处于产业链的上端，拥有了这一上端，就会有持续的产业回报，同时也提升了整个产业链的价值，这也是金融危机带来了文化产业的机遇的原因。创意经济的强大，一方面可以打造完备的产业链，增强产业链利益共享、风险共担的整体功能，另一方面，创意经济处于产业链的上端，拥有了这一上端，就会有持续的产业回报，同时也提升了整个产业链的价值。

创意活动是知识经济时代的主导性活动，[①] 发展创意经济既有助于国家整体产业链的升级，又有助于为人的创新能力的培养

① 崔义中主编：《创意学》，陕西人民出版社，2002 年版，第 3 页。

创造良好的经济氛围。从产业链的角度去看，只有使创意经济作为支撑经济发展的发展方式，通过政府和行业组织从生产环节和流通环节上共同努力，实现经济发展方式的根本性转变，人的创新能力才会落实到经济生活中，转化为现实的生产力。

在现代的信息社会中，传统生产要素对经济的影响力在发生变化，知识、创造力等因素已经占据了经济生产中的核心位置，所以在这种新的经济形态中，文化要素越来越重要，文化与经济的关系变得越来越密切，文化经济化与经济文化化并行，文化产业便是经济与文化的完美结合点，文化产业符合了传统产业转型的驱使，满足了人们对文化在内的需求，充分显现了文化的经济价值。2003 年，纽约联邦储备银行资深经济学家雷．罗森指出：“纽约经济已经陷入困境，以后，我们的经济将向何处发展？什么能够带动我们前进呢？”他给出的回答是：文化！①

文化产业具有科技含量高、环境污染小、资源消耗少、投资回报率的特点，有利于推动经济结构调整和发展方式的转变。文化产业要素中最重要的还是创意二字。“文化创意产业的灵魂是创意，而创意的很新是创新型人才，因此文化创意产业的国际竞争，归根到底是人才的竞争。”据统计显示，在纽约，文化创意产业人才占工作人口总数的 12%，伦敦则是 14%，东京更是达到了 15%，而中国能与之相比的北京和上海，目前还没有或者暂时还无法进行相关的统计。欧美等发达国家都十分注重文化产业的发展，这些国家的文化产业在 GDP 中的比重普遍都在 10% 以上，美国更是高达 25% 以上。在信息时代，发达国家正是通过文化产业的优势来延续经济上的强势，并加强了文化上的强势，尤其是美国文化产业的总体实力处在世界的霸主地位，每年

① Martha Hostetter, “The Cultural Economy”, http: //www. fas. nus. edu. sg/staff/home.

美国文化产业经营总额高达数千亿美元，在当今400家最富有的美国公司中，有72家是文化企业。美国公司出产的影片量其放映时间占据全球50%以上，其影片票房占全球2/3的份额。

面对西方发达国家文化产业的先发优势和我国文化产业相对落后的现实情况，我国要发展文化产业，一方面可以借鉴欧美发达的成功经验，发挥出后发优势，另一方面也要根据自身实际，走出一条切合中国现实的文化产业发展特色之路。

## 二、先行与反哺的回旋分配制度

分配制度是一个国家的社会经济能够正常、良好运行的保障。国民收入分配有两个组成部分——初次分配和再分配。长期以来，我国在分配制度方面是以按劳分配为主体，兼顾多种分配形式。目前，在分配制度方面，逐渐出现了多元化、混合化的趋势，但是分配制度的核心应该定位在建立一个促使人们自觉注重创新能力提高的激励机制，即推进资源配置方式创新，使提高创新能力成为人们的一种重要需求，使人们愿意创新。

在收入分配方面，我国有一个指导原则，即鼓励先富，由先富带动后富。这种发展模式，在促进收入增长上面起到了很好的效果，其巨大的示范作用在改革开放的初期也有利于协调城乡、地区差距和缓解居民收入差距。但是随着改革的深入，由于缺乏健全的制度保证，我国的收入差距在不断扩大，基尼系数持续增长，先富带动后富并达到共同富裕的目标仍很遥远。国家发改委经济体制综合改革司2006年2月5日发布的《对中国城市居民收入分配结构现状的总体判断》报告称，我国城市居民收入差距的基尼系数已达到合理值的上限，在0.4左右，根据一些国际统计口径，我国的基尼系数已经达到了0.45，[①] 这说明我国的贫富差距相当严重，也说明我们的分配环节存在问题。

为了最大程度地保证人们群众创造财富的积极性，实现社会公正，形成良性循环，并减少对弱势群体的伤害，应建立先行与反哺的回旋分配制度。允许一部分人先富起来，先富带动后富，这就是回旋原则的体现，先行是鼓励人们先富，反哺是带动后富。回旋分配以实现公平与效率的共赢为原则，目前的收入差距过大说明我国回旋分配没有到位。

在先行的分配设计中，应实行生产要素尤其是能力的贡献参与分配。在这个知识经济的时代，个人的能力尤其是创新能力已经成为了经济发展的主导因素，所以，能力尤其是人的创新能力应成为决定劳动者就业机会和劳动报酬的要素。这种设计有助于改善资源配置状况，并为先行创新者提供足够的物质刺激和激励动力，从而有助于实现创新立国的目标。还要构建机会公平和规则公平的收入分配政策，依法保护创新者的合法收入，取缔非法收入，为创新先行者提供良好的环境。另外，辅助优惠的税收、便利的融资投资等条件，对率先发挥人的创新能力的经济行为予以照顾，使其产生出现实的经济效益，从而为创新活动的开展起到带头作用。

反哺的分配设计主要集中在再分配领域，一方面，应利用税收、财政转移等手段进行收入转移，缩小收入差距，另一方面，应健全社会保障体系，为尚未将创新能力发挥出来以及未能将创新能力转化为生产力的人创造条件，进行政策支持。制度文明表面层次上的规范和调控功能，实质上是由制度文明的合理性和合

① 参见 http：//finance. sina. com. cn，2006 -6 -15。

法性分配功能决定的。[①] 目前，在按劳分配的基础上增加能力和绩效要素的分配比重已是许多人的共识，但是这只是分配的前期阶段，一个完整的分配制度，不仅要注意到分配前的考核、分配中的效率，还要注意分配后期的公平。

回旋的道理同样适用于创意经济的发展。由于受我国目前内在条件和发展环境的影响，创意经济不可能在短时间内在所有地区、所有领域实现。创意经济的发展可以采取一部分先行、先行带动后来的发展步骤。先行发展的重点可以设计为：在经济发达的地区进行创意经济的培育和发展，在高校、研究院所这些科研相对密集的地方进行科技试点创新，在科技领先的企业进行以企业为主体的科技创新。以先进的部分对落后的部分进行反哺，从局部成熟的创意经济发展模式逐渐升级为带动经济全体的创意经济发展模式，以点带面、以线带面，从而最终使经济全局达到创意经济的发展水平。这种创意经济发展模式的实质是先行与反哺的回旋分配制度在起作用。虽然社会和经济领域内会存在一些不平等，但只要其结果能给每个人，尤其那些最少受惠者的社会成员带来补偿利益，它们就是公正的。[②] 只有集中主要精力先行创新，然后以先行进行反哺，这样才能调动广大群众支持创新的积极性，使创意经济的发展效率大大提高，同时保证社会的公正性。

“没有蒸汽机而后珍妮走锭精纺机就不能消灭奴隶制；没有改良的农业就不能消灭农奴制；当人们还不能使自然的吃喝住穿在质和量的方面得到充分供应的时候，人们就根本不能获得解

① 陈纯仁：《论实践以人为本的科学发展观的制度安排》，《理论探讨》，2005年第1期。

② ［美］约翰·罗尔斯，何怀宏等译：《正义论》，中国社会科学出版社，1988年版，第12页。

放。”[1] 良好的分配制度有助于一个国家的民众在最大范围内使自然的吃喝住穿得到充分的供应，当大多数群众的基本生存和生活条件都得到较好满足时，他们才会愿意创新，想去创新。先行与反哺的回旋分配制度实质上是一种利益平衡机制与协调机制，其目标是切实保障群众的基本生活，使人们无后顾之忧，从而最大限度和最大范围地激发群众的创造性和能动性。建立起先行与反哺的回旋分配制度，有利于在全社会内范围营造公平环境，解放生产力。

## 三、加大对创产者的资助力度

物质资料的增长究其本质，就是让资产从无到有，从少到多，也就是资产创造的过程。在经济领域，创产是主导目标，无论是资产还是无产，创产是最光荣的。能够创产，说明能给周围的人带来福利，不能创产，难免走向坐吃山空。

创产者包括创新型人才与创新型主体，比如企业、研发机构等。创新型人才、创新主体的价值发挥需要环境支撑，因此需要对创产者进行必要的资助和保护，从而维护创产者的权益，促进创产者再创造。比如，在高校、研究院所建立创新鼓励机制、设立专门的创新投资基金，以此为创产者提供宽松的有利于其发挥创造性的条件。加强专利保护方面的工作，专利保护一方面可以保护创新发明者的利益，鼓励大家的创新积极性，另一方面也有助于专利转化为效益，加快专利的实施落实。创新的源泉和激励是关系到一个国家或经济的创新活动是否活跃的关键。[2] 具体来说，加大对创产者的资助力度，可以从以下几方面入手：

---

① 《马克思恩格斯全集》第 42 卷，人民出版社，1979 年版，第 368 页。

② 袁志刚：《知识经济学导论》，上海人民出版社，1999 年版，第 78 页。

首先是对传统优势产业进行创新的支持。近年我国经济虽然取得了长足发展，但是劳动密集型企业和加工制造行业依然是我们的优势，没有自主创新能力，形成不了品牌效应，经济发展始终走不到世界的前列。针对我国目前的经济状况，可以从传统产业入手，这是我们创造名牌的最好土壤，纺织品、服装、玩具、轮胎、机械等行业都可以创造名牌。但由于我们缺乏创新，不知如何把自己的优势变主导，只能跟随别人身后。在这一方面，有很好的典范，比如双星集团的创新战略。2008 年，双星集团面临“原材料高价位运行、人力资源紧张、贷款利率上调、人民币升值、反倾销加剧、出口退税政策调整、新劳动法实施”等“七关”。在这一背景下，双星集团作为制造加工业为应对不利因素，提出求生存、谋发展——双星全员创新“赢”挑战。在“创新无死角车间、班组”竞赛活动成果公布栏，图文并茂地展示出一个个创新项目。该公司领导介绍说，只要员工有创新项目，各车间都会根据创新项目之创效大小给予及时推广和奖励，这刺激了员工创新积极性。别看一些创新项目仅仅是小改小革，但作用不可小瞧……双星集团是我国大型企业，拥有“鞋、轮胎、机械、服装、热电”五大支柱产业。全员创新，大打商战中的人民战争，这是双星应对原材料价格暴涨等不利因素的有效手段，也是双星具有持续竞争力的重要因素。①

企业在新形势下缺乏应对策略，这归根结底是因为缺乏创新意识，没有创新思路，没有找到适合当前经济发展形势的好办法。创新智能的获得，要依靠创新的主体：人。只有拥有一大批用新思路解决新问题的创产者，才有可能为经济的发展注入新的活力，进而助推经济的发展。因此，必须在发展经济的同时，注重对人才的鼓励、支持和资助，加强市场培训和咨询方面的工

① 人民网：www. people. com. cn，2008－4－15。

作，最大范围地调动创产者的积极性，促使他们最大限度地发挥创产的智能优势，这将为传统产业的发展带来事半功倍的效果。

其次是加大对高新科技产业的先驱者的资助和支持。创意经济是大势所趋，鼓励创新应该被给予充分的重视。在这方面，国外一些国家都做出许多举措，我们可以借鉴。加拿大政府为了推进本国科技创新能力建设，相继推出了《面向新世纪的科学技术》和《加拿大创新战略》。其中，鼓励和保护企业技术创新和自主知识产权开发的政策措施涉及税收减免、专门的科技资助、国家风险投资，等等方面。在这方面，我国也出台了相应的政策、法律、法规来支持和资助创产者的创新活动。比如：财政部出台了若干鼓励创新的税收政策；国家高新技术产业开发区内新创办的高新技术企业自获利年度起两年内免征所得税，两年后减按15%的税率征收企业所得税；在创业投资上，主张对投资于中小高新技术企业的创业投资企业，实行投资额按比例抵扣应纳税所得额的优惠政策。

第三，应加大对民间创新的资助和支持。据国家知识产权局和全国工商联发布的统计数据显示，我国专利申请量的61%以上，是民间创新者完成的，我国85%的新产品、65%的发明专利是民营中小企业创造的，民间创新者已成为推动科技进步和经济社会发展的重要力量，是建设创新型国家和创造知识产权的生力军。民间创新活动不仅可以为国家提供自主创新成果，培育创新人才，而且有助于提升全民创新素质，夯实国家创新基础。

# 第四章　倡导教育创新，培养人的创新能力

教育“不仅是提高社会生产的一种方法，而且是造就全面发展的人的唯一方法。”① 创新的核心和主导要素就是人才，培养人的创新能力，教育是根本大计，创新教育可以从小培养、增强人的创新能力。而且，教育可以从根基上改变人们不利于创新的观念和习惯，减少不良因素对人的创新能力的消极影响。

## 一、树立“人人可创”的教育理念，彻底改变应试模式

创造学有一个基本的观点，即创造力是人人都具有的潜能，只是发挥和表现的程度不一而已。从“类”的角度来看人的创新性和超越性，更是承认了创造性的广泛性和普世性。

“人人可创”这一基本理念给教师的教学活动以很大启示，教师应牢牢地树立“人人可创”这一原则，坚信每个学生身上都蕴藏着无限的潜能，积极引导和开发他们的兴趣和创造性。同时，这一理念也可以通过课堂教学传授给学生，使学生对自身的潜能也有明晰的认识，从而树立学生的自信心和创造信心。

---

① 《马克思恩格斯全集》第23卷，人民出版社，1972年版，第530页。

美国心理学家罗杰斯曾经指出，创造活动的一般条件是“心理自由”和“心理安全”，而对个人的赞许则是促进心理安全的最重要因素。[①] 这个理念反映在教学过程中，要求教师尊重学生的提问，哪怕是不对的或者是有些荒诞无稽的疑问，而且一定要充分尊重学生与众不同的观念、另辟蹊径的想法，并称赞这些观念的价值性。这一点在高校中更应该提到首要地位，因为高校时期是一个人世界观和人生观正在成熟的重要时期，在这期间受到的教育会影响一个人的人生，为学生走向社会打下最直接的和坚实的基础。尤其对于院校排名不高或者位于偏远地区的院校的学生来讲，学生的人文素质相对于普通高校比较薄弱，对部分抽象性强、理论性强的课程接受不易，所以学生一方面自信心不足，一方面有强烈的改变自身命运的想法，压力较大。而创造性或者说是创新能力的培养，只有在心理安全、心理自由的氛围中才能最大化地调动起来。针对上述情况，学校和教师必须给予足够的重视。一方面，可以通过讲座或座谈，使学生树立科学的世界观、人生观和价值观，引导学生面对不利的条件时会使用辩证的思维去分析它、解决它；另一方面，在课程的教学过程中，上课的时候多提问、多肯定、多称赞，避免经常地批评指责。但这绝不是对学生做全方位的肯定，这样反而显现得不真实，难以取信于学生。

但是，在应试教育的模式下，“人人可创”的教育理念很难真正得到实现。保罗·弗莱雷指出：“凭借某种机械的、静态的、顺从自然的、形象化的意识观，灌输式教育把学生变成接受体。它企图控制思考和行动，让人民去适应这个世界，并抑制他

① 朱文彬、赵淑文主编：《高等教育学心理学》，首都师范大学出版社，2007年版，218 页。

们的创造力。”[①] 在当前创意经济发展的趋势下，传统的应试教育模式已经不能适应创新型人才的培养要求。长期在教育战线工作的学者，把不利于创新人培养的教育弊端，归纳为十二个方面：重共性，轻个性；重知识，轻能力；重理论，轻实践；重复制，轻创新；重精英，轻大众；重智育，轻德育；重主科，轻全面；重专业，轻基础；重理工，轻人文；重内容，轻方法；重灌输，轻启发；重主导，轻主体。[②]

传统的“应试教育”把应试作为唯一或主要的教育目标，其消极影响很多。这种教育方式就像学生写大字，处处要字帖，重复的操作方式磨灭了学生的积极性，刻板的思维方式扼杀了学生的主动性，可以说，这是扼杀学生创新能力的第一杀手。创意经济要求学生具有灵活开放的智能型大脑，但是应试教育把考试成绩作为衡量学生优秀与否的唯一标准。应试教育虽然以智能教育为目标，但是方法手段却是片面的、狭隘的，只强调传授知识和技能，强调知识的熟练程度，把学习局限在课本范围内，人的个性发展未能受到应有的重视，致使学生无暇参与课堂以外的、各种对发展智力十分有益的活动，从而出现知识面狭窄，高分低能的局面。最终的结果是阻碍个性发展，扼杀创新能力，对培养和丰富学生的个性十分不利。

在应试模式下，学校以高考成绩、发表文章的数量作为评价教育质量、学术水平的指标，只关心学生的分数和文章发表的数量，而对学生的个性的关怀、现实价值观的指导少之甚少甚至忽略不计，而恰恰是这些看不见的东西在影响和决定着学生踏上社会之后的人生道路。据教育部统计，2008 年我国大学生的毕业

① ［西］保罗·弗莱雷，顾建新、赵友华、何曙荣译：《被压迫者教育学》，华东师范大学出版社，2001 年版，第 29 页。

② 殷石龙：《创新学引论》，湖南人民出版社，2002 年版，参见 293—298 页。

人数是 495 万。浩浩荡荡的高等教育人才大军究竟可以为中国的生产力发展来带多大的推动作用？同样，中国每年有数以万计的论文发表，其中社会科学方面关于创新的思考不少，但是真正对实践起切实指导作用的不多。自然科学方面，我国每年被 EI 和 SCI 检索的文章不在少数，但是在很多大型的工程项目上还是需要依靠国外的技术，因为很多实际问题的核心技术国内无法解决。比如京津城际高速铁路客运专线，是聘请西门子公司承做的，很多项目指标国内只能做外围的测试、评估，核心技术尚没有能力独立掌握。科研为什么转化不成能指导现实的强有力的生产力呢？是因为教育手段有问题。

培养创新型人才是建设创新型国家的起点，创新型国家以高素质人才的教育培养为国家发展的第一要务。尽管国家与社会一直都想对教育体制进行改革，但我国教育模式的改革步履依然蹒跚、踟蹰。[①] 现存的传统教育模式以应试模式为主要特点，不利于创新人才的培养，必须予以改变与创新。

改变应试教育首先要求我们的目标从考试转变为能力。对于知识的掌握和记忆，不是以死记硬背下来多少知识为目标，而应是以培养学生科学的思维为目标。启发学生运用类比、对称、形象化等方法来解决问题，引导学生善于捕捉瞬间即逝的直觉，鼓励学生大胆运用合理的猜想和飞跃的直觉。

此外，我们的教育工作也应该注意采取一些失败教育。青少年是祖国的未来，我们必须从小培养他们面对失败的正确理念，从失败设计入手，诱导对成功观念的认识。从失败设计入手，就意味着使学生不怕失败，不怕犯错误，勇于尝试，勇于创新。当然，在创新人才的教育和培养过程中，仅仅关注于其知识和能力的提升与训练是不够的，还要注重他们创新人格、创新品格的形

① 新华网：www. xinhuanet. com，2009—2—25。

成和塑造。学校教育中应加大对学生社会责任感的培养和提升，重视对学生的人文关怀，营造自由宽松的学习研讨气氛，激发学生追求真理、勇于探索的科研精神，培养学生“敢为天下先”的勇气，培养学生不怕失败、勇于创新的品质品格，培养学生开放宽容的心态和与他人协作的团体精神，这些人格的塑造都有利于创新人才的形成和创新能力的提升。

## 二、创新式的教育手段：实验室教学

恩格斯指出：“教育可使年轻人很快就能够熟悉整个生产系统，它可使他们根据社会的需要或他们自己的爱好，轮流从一个生产部门转到另一个生产部门。因此，教育就会使他们摆脱现代这种分工为每个人造成的片面性。”[①] 而现在，我们的应试教育却让孩子们越来越片面化了。只有教育创新才能为创新型国家的建设提供根本的动力保障，为社会发展提供智能支持。我认为，传统的人才教育模式应该向实验室教学转变，应为学生提供参加各种实践活动的机会。

这里的实验室是一种介于理论与实践之间的空间，类似于教练训导、训练的场所，类似于演员的预演场所。实验——强化创新学习的过程，[②] 实验室教学不仅仅是针对理科学生的，对于文科学生也同样适用。对文科的学生来说，实验室教学应该包括情绪调节、人格测试、榜样观摩、案例分析，等等，激发、启迪学生自我认知并通过人格测试找到与社会的接洽点，自我估控、自我定位，进而提高解决实际问题的能力。其次是榜样观摩，即观察前辈在面临一些自己即将面临的问题与境况时是怎样思考处理

① 《马克思恩格斯选集》第 1 卷，人民出版社，1995 年版，第 243 页。

② 陈铁：《指导创新学习培养创新能力》，《青海教育》，2008 年第 6 期。

问题的，这样可以避免走很多弯路，避免无用功和由此带来的心理、情绪问题。案例分析要直面社会现实，而不是单纯的纸上谈兵。文科的学生负有将来建设整个社会的人文环境的责任，一定要在实验室教学的过程中积极锻炼自己的理论创新能力、方略创新能力、知识创新能力等，以应对知识经济时代提出的新要求。

对于理工科学生来说，首先要注意经常进行思维方式与实践成效之间的对比，避免理论是理论、实践是实践，理论与实践处于割裂的状态。通过预估目标与实践成效的对比，及时规避理论深度不深、实践指导偏狭以至出现没有完整、全面的科研成果等问题。其次是对于疑点、难点的破解方法应及时升级。对于这类问题，研究中经常采用是计算机仿真的方法，但是计算机仿真在一定程度上只能模拟理想状态或者试验状态当中的情况，对于现实问题的复杂性、随机性经常束手无策，这就要对各种不同的复杂问题进行归类，应用灵活机动的战术效应予以解决，依靠想象力的发挥来模拟理论点位与实践点位之对接点的定位情况。以上两种情况，都应采用实验室模拟的方法进行模拟和预估，学校应在这个方面创造更多的条件。美国教育家杜威早就提出，一个儿童开始玩积木和一个科学家在实验室用不熟悉的材料做实验所发生的情景是一样的，这种方法要求学校提供“更多的实验材料，更多的资料，更多的教学用具，更多的做事情的机会”。①

实验室教学的另一种方式就是在实践中学——践学。大多科学家、发明家都是践学成才，而不是课学成才，原因在于，越是新颖的东西，人们对其进行实践的渴盼度就越大，越是求知欲强的人，越注重实践，越是创意旺盛的人，越渴盼实践。孩子也一样，如果自己的求知欲不能被满足，那他进一步发展的积极性就

---

① ［美］杜威，王承叙译：《民主主义与教育》，人民教育出版社，1990 年版，第 165 页。

会打折扣，甚至产生怠慢。杜威提倡从做中学（learningby doing），“一切教育都能塑造智力的和道德的品质……这种塑造工作不只是先天活动的塑造，而是要通过活动来塑造”。[①] 在教育过程中，我们应以理论与实践相结合为原则，引导孩子在做中学、玩中学、实践中学，在实践中探索、在实践中创见，以践学取代怠学。知识只有通过发明和再发明，通过人类在世界上、人类与世界一道以及人类相互之间的永不满足的、耐心的、不断地、充满希望的探究才能出现。[②] 在各种各样的实践中，孩子会孕生出各种各样的创意，在经历事情的过程中不断激发灵感，因此，只有实践才能启迪创意，才能激起孩子的学习兴趣。

国外有些教育模式很值得我们借鉴，因为他们更注重老师与学生的互动，让学生去实践体验。他们往往是通过活动、游戏等项目来引发孩子的求知欲，让孩子亲自操作去证明老师所讲的东西，这样既能调动孩子的学习兴趣，又能让孩子真心接受授课内容，还能激发孩子的天赋潜能，培养孩子的创造力。应该说，教师本人对学生的影响是最大的，那些具有创造性的教师，总能培养出具有创造性的学生来。教师对教学方法的改革，对新思想的传播，对创造精神的鼓励，都是创造性的榜样。所以，学校应培养和发展教师的创造性，或吸收一批才华横溢的创造性教师，对培养学生的创造性来说也是很重要的。另外，在校内应积极开展创业教育。在这方面，美国的一些做法值得我们借鉴。现如今，美国的创业教育已经形成了一套比较科学、完善的创业教育教学、研究体系，也已纳入到国民教育体系之中，内容涵盖了从初

① ［美］杜威，王承叙译：《民主主义与教育》，人民教育出版社，1990 年版，第 76 页。

② 保罗·弗莱雷，顾建新、赵友华、何曙荣译：《被压迫者教育学》，华东师范大学出版社，2001 年版，第 25 页。

中、高中、大学本科直到研究生的正规教育，创业教育体系中不仅包括了创业学课程的普遍开设、本科和研究生创业管理专业的设立，还包括高校创业中心、创业教育研究会等的建立；不仅在校园内营造浓厚的创业文化氛围，还通过创业中心与社会建立了广泛的外部联系网络，包括：各种孵化器和科技园、风险投资机构、创业培训机构、创业资质评定机构、小企业开发中心、创业者校友联合会、创业者协会等等，形成了一个高校、社区、企业良性互动式发展的创业教育生态系统，有效地开发和整合了社会各类创业资源……当代许多著名的美国高科技大公司，几乎都是大学生创业者们利用风险投资创造出来的，如 Intel 的摩尔、葛鲁夫，微软的盖茨、艾伦，惠普的休利特、帕卡德，Netscae 的安德森，Dell 的戴尔，Yahoo 的杨致远，科进的谢明等无不是创业者们的典范。高校创业活动已成为美国经济发展的直接驱动力。①

## 三、发展现代教育，建设学习型社会

创新国家的建设需要一种长效机制，才能保证创新人才的持续供应和能力的不断提高，所以，这种机制不能仅仅依靠于学校教育，而应该是社会教育、家庭教育和学校教育的相得益彰，根本的还在于建设学习型社会，促进学习行为的社会化和普遍化，使人们的学习行为的持续和长久，这样个人保持终身学习和教育，企业在不断学习与变革，从而国家也可以始终保持竞争的动力和创新的活力。

美国学者罗伯特·哈钦斯于 1968 年首次提出学习型社会的理念，这个理念在国际社会迅速传播开来，成为现代社会中许多

① 科学网：http：//www. sciencenet. cn/。

国家和地区推进和实施教育改革和发展的指导原则。以美国为例，美国企业界不仅承担全国研究与开发投资的70%以上，而且普遍重视职工的再培训。以企业对职工的再培训加上社会业余教育等形式构成的“终身教育”与学校教育紧密衔接，二者之间的界限趋于模糊。这种教育投资也产生了巨大的收益，哈佛大学的学者罗伯特·巴罗等人运用新的经济增长理论做了调查，其结果是惊人的：妨碍穷国赶上富国的原因，不是穷国缺少投资，而是缺乏人力资本，即教育投资不够，人才和知识不足。所以，克林顿在1997年2月的讲话中指出：“首要”的事情是确保“所有的美国人得到世界上最好的教育”。

创新本身就是一个系统工程，是一项宏大而长期的社会工程，是国家和全民族的共同事业，是社会全方位充分发展的结果。发展现代教育是落实创新战略的最根本的基础，目前我国现代教育的国民教育体系用以支撑创新战略的实施是不足的，比如许多创新思维训练周期长，短期训练取得不了应有成效，这就需要人们在离开学校之后仍然有一个良好的学习创新的氛围，这需要全社会的共同努力和付出。现代教育的一个新的特征是实现全民学习，终身学习的学习型社会体系。2001年5月江泽民在亚太经合组织人力资源能力建设高峰会议上的讲话明确指出：“构筑终身教育体系，创建学习型社会。”落实学习型社会，可以充分发挥人的潜能，长效地调动人们在劳动创新中的积极性和主动性，从而为创新战略的实施孕育和贮备大量的创新人才。

建设学习型社会，首先应发挥政府的主导作用，推进国家创新体系建设。一方面要引导学校发挥其科研创新的作用和功能，形成科研与市场的有机结合，加强产学研的结合和一体化；另一方面，要引导民众中的创新力量，为市场化经济运作深入运作创造条件。其次，应大力发展和培养各种学习型组织。学习型社会是一个复杂而庞大的系统，它是由许多不同层次、不同类型、不同功能、不同定位的要素和环节组成的，其中，将学习型社会这个大系统连接起来的各个结点就是学习型组织作为结点，正是由于这些纵向和横向的要素的联系，才共同构成了学习型社会这一复杂系统。

在这方面，我们也可以借鉴国外一些先进经验，丹麦和瑞典便是很好的两个例子。丹麦如今高级的发展水平与丹麦发达的教育体系是分不开，当然，这里面有政府的远见和努力。丹麦的公立学校从小学到大学学费全免，不但如此，超过 18 岁读书还有津贴，而且在丹麦，即使读私立学校，政府也补助 75% 的经费。得益于没有学费的障碍，“终身学习”在丹麦成为人人皆有可能的事情。2005 年 11 月，丹麦首相拉斯穆森在自由党（主要执政党）大会上提出丹麦发展的 4 点设想，即：把丹麦建成知识型社会、创新领先的社会、教育领先的社会和全球最具竞争力的经济体。在每年的全球竞争力指数排名中，瑞典都是世界上最具竞争力的国家之一，尤其是在教育、科技化、企业文化和创新等领域指数始终名列前茅。在瑞典每年都有 4 所大学进入世界前 100 大学排行榜，而瑞典的总人口才仅有 900 多万。在学校教育阶段，大学生可以申请低息教育贷款以良好的完成学业，已经工作但希望继续“充电”的人则可以参加各种短期培训和成人教育。

社会只有在生产力不断进步的条件下才可能持续发展，而生产力的持续发展需要的正是有创新能力的人。在教育教学活动中，我们必须发扬与时俱进的精神，提高对人的创新能力的重视程度，改善创新环境，大力培养学生的创新能力，以加快我国现代化建设的进程。

# 结　语

子在川上曰：逝者如斯夫，不舍昼夜。随着时间的流逝，天地都在变化之中，没有一成不变的东西，人类社会也是一样。社会的发展是一个推陈出新的过程，保持生机与活力的原则就是不断超越与否定，在创新中前进与完善。

创新属于理论及实践领域的热点话题，尤其是在 2006 年党中央提出构建创新型国家的目标以后，创新以及人的创新能力问题更成为人们关注的焦点。但是谈及创新，好多人认为这属于少数专家、学者的事情，与自己无关。其实创新并不神秘，用一句较为通俗的话来描述，那就是：无中生有，有中生新。每个人在自己现有的生活、生产方式下，意图超越原有水平，就有了创新的冲动；而当动脑去想、动手去做的时候，创新行动已经启动。创新行动的成效与人的创新能力的水平高低直接相关。人的创新能力不是一朝一夕形成的，它受到许多因素的影响，深刻分析并把握人的创新能力对于我国的发展来说至关重要。我国目前正处在改革发展的攻坚阶段，随着改革的逐步深入，问题也日益严重，在这种局面下，倒退绝没有出路，问题只有在发展中才能得到进一步解决。

可持续发展靠的是对矛盾的调节力、解决力，这是可持续的动因，如果人们发现不了矛盾、调节不了矛盾、解决不了矛盾，基本上便失去了可持续生存的泉源。人的创新能力就是要提供发现矛盾、调节矛盾、解决矛盾的新方法，尤其是解决发展中的矛盾这一能力，这是人的能力开发的重头戏。本书立足于人的生态属性，力图在哲学视野中对人的创新能力进行全面的剖析，以使人们从整体上高度把握人的创新能力的内涵与外延、理论意义与实践价值、影响因素与提升对策。但是，人的创新能力毕竟是一个涉及面广同时内涵丰富的话题，本书对人的创新能力的哲学探讨仅仅是一个开端。

没有人的情感，就从来没有也不可能有对于真理的追求，[①] 对人的创新能力的哲学意蕴以及创新的相关话题还将不断增添新的内容、不断走向深入。创新永无止境，人的创新能力的发挥与发展也没有止境。在未来的日子，无论是在理论上的积极探究还是在实践中发展生产力，我们都需要以创当先——以创新为目标同时也以创新为手段，以人的创新能力为支撑，这样才能不停发展、不断完善。

---

① 《列宁全集》第25卷，人民出版社，1988年版，第117页。

# 参考文献

## 一、中文著作


［1］马克思恩格斯全集（第1卷）［M］．北京：人民出版社，1956.

［2］马克思恩格斯全集（第2卷）［M］．北京：人民出版社，1957.

［3］马克思恩格斯全集（第3卷）［M］．北京：人民出版社，1960.

［4］马克思恩格斯全集（第9卷）［M］．北京：人民出版社，1961.

［5］马克思恩格斯全集（第20卷）［M］．北京：人民出版社，1971.

［6］马克思恩格斯全集（第23卷）［M］．北京：人民出版社，1972.

［7］马克思恩格斯全集（第25卷）［M］．北京：人民出版社，1974.

［8］马克思恩格斯全集（第26卷）［M］．北京：人民出版社，1972.

［9］马克思恩格斯全集（第42卷）［M］．北京：人民出版社，1979.

[10] 马克思恩格斯全集（第46卷）（上）[M]. 北京：人民出版社，1979.

[11] 马克思恩格斯全集（第46卷）（下）[M]. 北京：人民出版社，1980.

[12] 马克思恩格斯全集（第47卷）[M]. 北京：人民出版社，1979.

[13] 马克思恩格斯全集（第49卷）[M]. 北京：人民出版社，1982.

[14] 马克思恩格斯选集（第1卷）[M]. 北京：人民出版社，1995.

[15] 马克思恩格斯选集（第2卷）[M]. 北京：人民出版社，1995.

[16] 马克思恩格斯选集（第3卷）[M]. 北京：人民出版社，1995.

[17] 马克思恩格斯选集（第4卷）[M]. 北京：人民出版社，1995.

[18] 马克思恩格斯选集（第1卷）[M]. 北京：人民出版社，1972.

[19] 马克思恩格斯选集（第3卷）[M]. 北京：人民出版社，1972.

[20] 列宁选集（第4卷）[M]. 北京：人民出版社，1972.

[21] 列宁选集（第25卷）[M]. 北京：人民出版社，1988.

[22] 列宁全集（第26卷）[M]. 北京：人民出版社，1959.

[23] 列宁全集（第55卷）[M]. 北京：人民出版社，1990.

[24] 毛泽东选集（第 1 卷） [M]. 北京：人民出版社，1991.

[25] 马克思. 资本论（第 1 卷）[M]. 北京：人民出版社，1975.

[26] 马克思、恩格斯. 德意志意识形态 [M]. 北京：人民出版社，2003.

[27] 马克思. 1844 年经济学哲学手稿 [M]. 北京：人民出版社，2000.

[28] 恩格斯. 路德维希？费尔巴哈和德国古典哲学的终结 [M]. 北京：人民出版社，1997.

[29] 列宁. 哲学笔记 [M]. 北京：人民出版社，1974.

[30] [德] 黑格尔. 小逻辑 [M]. 贺麟译. 北京：商务印书馆，1980.

[31] [德] 黑格尔. 逻辑学（上卷）[M]. 杨一之译. 北京：商务印书馆，1966.

[32] [德] 黑格尔. 精神现象学（上卷）[M]. 贺麟译. 北京：商务印书馆，1979.

[33] [德] 康德. 纯粹理性批判 [M]. 蓝公武译. 北京：商务印书馆，1982.

[34] [德] 康德. 任何一种能够作为科学出现的未来形而上学导论 [M]. 庞景仁译. 北京：商务印书馆，1978.

[35] [德] 康德. 判断力批判（上卷）[M]. 宗白华译. 北京：商务印书馆，1964.

[36] [德] 热罗姆·班德主编. 开启 21 世纪的钥匙[M]. 周云帆译. 北京：社会科学文献出版社，2005.

[37] [德] 马克斯·韦伯. 儒教与道教 [M]. 南京：江苏人民出版社，1993.

[38] [德] 恩斯特·卡西尔. 人论 [M]. 甘阳译. 上海：

上海译文出版社，1985.

［39］［巴西］保罗·弗莱雷．被压迫者教育学［M］．顾建新、赵友华、何曙荣译．上海：华东师范大学出版社，2001.

［40］［法］笛卡尔．第一哲学沉思集［M］．庞景仁译．北京：商务印书馆，1986.

［41］［法］亨利·博格森．创造进化论［M］．王珍丽、余习广译．长沙：湖南人民出版社，1989.

［42］［英］戴维·佩珀．生态社会主义［M］．刘颖译．济南：山东大学出版社，2005.

［43］［英］A·F·查尔默斯．科学究竟是什么．查汝强、江枫、邱仁宗译．北京：商务印书馆，1982 年版．

［44］［美］爱因斯坦等．物理学的进化［M］．周肇威译．上海：上海科技出版社，1962.

［45］［美］罗蒂．后哲学文化［M］．黄勇译．上海：上海译文出版社，1992.

［46］［美］马斯洛．动机与人格［M］．许金声、程朝翔译．北京：华夏出版社，1987.

［47］［美］马斯洛．存在心理学探索［M］．李文湉译．昆明：云南人民出版社，1987.

［48］［美］S·阿瑞提．创造的秘密［M］．钱岗南译．沈阳：辽宁人民出版社，1987.

［49］［美］玻姆．论创造力［M］．洪定国译．上海：上海科学技术出版社，2001.

［50］［美］约翰·罗尔斯．正义论［M］．何怀宏等译．北京：中国社会科学出版社，1988.

［51］［美］杜威．民主主义与教育［M］．王承叙译．北京：人民教育出版社，1990.

［52］胡锦涛．坚持走中国特色自主创新道路，为建设创新

型国家而努力奋斗［M］. 北京：人民出版社，2006.

［53］梁启超. 论中国国民之性格［M］. 《梁启超全集》第二册，北京：北京出版社，1999.

［54］钱穆. 中国历代政治得失［M］. 北京：三联书店，2001.

［55］梁漱溟. 中国文化要义［M］. 上海：上海世纪出版集团，2005.

［56］张岱年. 张岱年全集（第7卷）［M］. 石家庄：河北人民出版社，1996.

［57］张岱年. 中国哲学大纲［M］. 北京：中国社会科学出版社，1995.

［58］张岱年. 心灵与境界［M］. 西安：陕西师范大学出版社，2008.

［59］江泽民. 论科学技术［M］. 北京：中央文献出版社，2001.

［60］费孝通. 乡土中国生育制度［M］. 北京：北京大学出版社，1998.

［61］钱学森. 关于思维科学［M］. 上海：上海人民出版社，1986.

［62］高春梅. 创造力开发——决胜未来的选择［M］. 北京：中国社会科学出版社，2001.

［63］韩庆祥. 人学——人的问题的当代阐释［M］. 昆明：云南人民出版社，2001.

［64］韩庆祥. 建构能力社会——21世纪中国人的发展前景［M］. 广州：广东教育出版社，2003.

［65］韩庆祥. 能力本位［M］. 北京：中国发展出版社，1999.

［66］韩庆祥. 马克思人学思想研究［M］. 郑州：河南人

民出版社，1996.

［67］高清海．找回失去的“哲学自我”：哲学创新的生命本性［M］．北京：北京师范大学出版社，2004.

［68］王沪宁主编．政治的逻辑——马克思主义政治学原理［M］．上海：上海人民出版社，1994.

［69］王峰明．马克思劳动价值论与当代社会发展［M］．北京：社会科学文献出版社，2008.

［70］叶秀山、缚乐安．西方著名哲学家评传（第一卷）［M］．济南：山东人民出版社，1984.

［71］北京大学哲学系外国哲学史教研室编译．十六——十八世纪西欧各国哲学［M］．北京：商务印书馆，1975.

［72］王治河．扑朔迷离的游戏——后现代哲学思潮研究［M］．北京：社会科学文献出版社，1998.

［73］路甬祥．创新与未来——面向知识经济时代的国家创新体系［M］．北京：科学出版社，1998.

［74］刘俊祥．人本政治论——人的政治主体性的马克思主义研究［M］．北京：中国社会科学出版社，2006.

［75］鲁克成、罗庆生．创造学教程［M］．北京：中国建材工业出版社，1997.

［76］中央教育科学研究所．创新教育［M］．北京：教育科学出版社，1999.

［77］余丽嫦．培根及其哲学［M］．北京：人民出版社，1987.

［78］刘培育主编．创新思维导论［M］．北京：大众文艺出版社，1999.

［79］赵卿敏．创新能力的形成与培养［M］．武汉：华中科技大学出版社，2002.

［80］殷石龙．创新学引论［M］．长沙：湖南人民出版

社，2002.

[81] 肖前主编. 马克思主义哲学原理 [M]. 北京：中国人民大学出版社，1994.

[82] 崔义中主编. 创意学 [M]. 西安：陕西人民出版社，2002.

[83] 梁作民主编. 当代思维哲学 [M]. 北京：人民出版社，2003.

[84] 杨名声、刘奎林. 创新与思维 [M]. 教育科学出版社，1999.

[85] 梁映敏. 创新型国家的和谐文化构建 [M]. 北京：光明日报出版社，2007.

[86] 刘大椿、岩佐茂. 环境思想研究：基于中日传统与现实的回应 [M]. 北京：中国人民大学出版社，1998.

[87] 胡鞍钢. 中国：新发展观 [M]. 杭州：浙江人民出版社，2004.

[88] 李正风、曾国屏. 中国创新系统研究——技术、制度与知识 [M]. 济南：山东教育出版社，1999.

[89] 李正风、胡钰. 建设创新型国家——面向未来的重大抉择 [M]. 北京：人民出版社，2007.

[90] 冯崇义. 罗素与中国——西方思想在中国的一次经历 [M]. 北京：三联书店，1994.

[91] 袁志刚. 知识经济学导论 [M]. 上海：上海人民出版社，1999.

[92] 邹广文. 当代文化哲学 [M]. 北京：人民出版社，2007.

[93] 苗东升. 系统科学原理 [M]. 北京：中国人民大学出版社，1990.

[94] 韦政通. 中国哲学辞典大全 [M]. 北京：世界图书

出版公司，1989.

［95］中共中央宣传部理论局．理论热点面对面？2008［M］．北京：学习出版社，人民出版社，2008.

［96］郑传坤主编．现代政治学原理［M］．太原：山西人民出版社，2001.

［97］庄寿强．普通创造学［M］．徐州：中国矿业大学出版社，2001.

［98］孙洪敏．创新思维［M］．上海：上海科学技术文献出版社，2004.

［99］彭健伯．创新哲学论［M］．北京：人民出版社，2006.

［100］徐春玉、李绍敏．以创造应对复杂多变的世界［M］．北京：中国建材工业出版社，2003.

［101］朱文彬、赵淑文．高等教育学心理学［M］．北京：首都师范大学出版社，2007.

## 二、主要论文

［1］韩庆祥．看待改革问题不能固守“体制决定论”［J］．江南论坛，2007（6）．

［2］韩庆祥．人的依赖—物的依赖—能力依赖——从权力本位走向能力本位［J］．社会科学战线，1999（3）．

［3］韩庆祥．自主创新能力与国家发展战略［J］．中国党政干部论坛，2008（5）．

［4］周恩来总理在第三届全国人民代表大会第一次会议上的政府工作报告［N］．人民日报，1964—12—31.

［5］钱学森．关于形象思维问题的一封信［J］．中国社会科学，1980（6）．

［6］任仲平．论发展创新文化与建设创新型国家［N］．人民日报，2006—4—5.

［7］方本新．新价值观与创新文化范式［J］．中国软科学，2006（11）．

［8］杨春贵．论实践范畴在马克思主义哲学体系中的地位［N］．光明日报，2006—5—2.

［9］钱玉峰．创造性思维是逻辑思维与非逻辑思维的对立统一［J］．滨州师专学报，2001（1）．

［10］王东．与时俱进的理论创新［J］．高校理论战线，2002（7）．

［11］顾智明．人的发展：马克思的视角和方法［J］．南京政治学院学报，2000（3）．

［12］张平增．自主创新能力与人的全面发展［J］．岭南学刊，2007（2）．

［13］辛江．美国经济增长中的技术进步效应［J］．价格月刊，2005（1）．

［14］路甬祥．仿生学的意义与发展［J］．科学中国人，2004（4）．

［15］许全兴．马克思对德国古典哲学自由精神的继承和发展［J］．中共中央党校学报，2005（3）．

［16］汪澄清．马克思与熊彼特创新思想之比较［J］．马克思主义与现实，2001（3）．

［17］董振华．创新：构建社会主义和谐社会的主题［J］．理论前沿，2005（16）．

［18］孙向军．知识生产力：历史演变与特征［J］．教学与研究，2004（12）．

［19］刘伟，付文佳．浅析马克思的唯物主义自然观——立足于社会考察自然［J］．江苏工业学院学报（社会科学版），

2008（4）.

［20］刘洋．“冲突与和谐”——对人的“自然属性”的现代性反思［J］．兰州学刊，2008（4）.

［21］孙慧明．论马克思对抽象自然观的批判［J］．前沿，2008（12）.

［22］周玉玲．生态文明与马克思恩格斯自然观的再认识［J］．马克思主义与现实，2008（2）.

［23］钱玉峰．创造性思维是逻辑思维与非逻辑思维的对立统一［J］．滨州师专学报，2001（1）.

［24］王南．多元思维论［J］．学术研究，2007（11）.

［25］何可造，郑孟煊．创新思维是人类的高级思维［J］．广东行政学院学报，2004（1）.

［26］王卓民．论惯性思维与认识效率［J］．山西师大学报（社会科学版），1998（3）.

［27］李军．论思维方式的改变与理论创新——由古希腊原子论的产生说开去［J］．理论界，2008（3）.

［28］陈铁．指导创新学习培养创新能力［J］．青海教育，2008（6）.

［29］欧日成．创造和谐的辩证过程：“和实生物”的重要内蕴［J］．韶关学院学报，2007（5）.

［30］王初根、潘程兆．论马克思恩格斯关于人与自然和谐的思想［J］．求实，2005（10）.

［31］魏伟．论马克思社会有机体理论对社会主义和谐社会建设的意义［J］．湖北社会科学，2007（3）.

［32］董振华．论创新劳动与人的自由全面发展［J］．岭南学刊，2005（5）.

［33］刘仲林．论创造与创造观［J］．东方论坛，2002（1）.

［34］李小平，李丽华．创造观的历史演进与创新教育的发展［J］．空军雷达学院学报，2002（3）．

［35］陆云．创新能力及其外化条件［J］．重庆工学院学报（社会科学版），2008（9）．

［36］罗玲玲、张嵩．建设性后现代主义创造观解读［J］．东北大学学报（社会科学版），2004（5）．

［37］刘仁胜．马克思关于人与自然和谐发展的生态学论述［J］．教学与研究，2006（6）．

［38］梁东兴、黄友牛、郑芳．马克思恩格斯的实践观与生态和谐［J］．理论月刊，2007（7）．

［39］陈改桃、李谋仲．寻求创造的形上根据——熊十力的创造观探析［J］．安庆师范学院学报（社会科学版），2001（2）．

［40］李黎明．文化生产力：一个重要的研究课题［J］．青岛科技大学学报（社会科学版），2007（2）．

［41］李霞．生态人类学的产生和发展［J］．国外社会科学，2000（6）．

［42］郝孚逸．劳动与人的关系问题是马克思主义哲学的核心问题［J］．理论月刊，2008（1）．

［43］李旭．哲学诠释学视域中的实践概念［J］．西北师大学报（社会科学版），2006（5）．

［44］程刚．玻尔的“相反即互补”与老子的“万物负阴而抱阳”［J］．巢湖学院学报，2005（4）．

［45］唐凯麟．重读马克思——关于人的本质和人的需要的再认识［J］．衡阳师范学院学报（社会科学），2000（2）．

［46］冯锦涛．浅析创新意识、创新能力与创新思维［J］．兰州学刊，2001（4）．

［47］王全宇．人的需要即人的本性——从马克思的需要理

论说起［J］．中国人民大学学报，2003（5）．

［48］高铭仁．矛盾和对应互补都是对立统一的形式［J］．东岳论丛，1996（3）．

［49］刘忠世．马克思早期著作中的历史阶段理论［J］．山东社会科学，2002（2）．

［50］崔巍．经济增长、社会分配与中国的和谐社会建设——马克思学派和谐社会建设分析模型及运用［J］．现代经济探讨，2007（7）．

［51］侯才．论悟性——对中国传统哲学思维方式和特质的一种审视［J］．哲学研究，2003（1）．

［52］徐匡迪．落实科学发展观建设创新型国家［J］，新湘评论，2008（11）

［53］段培君．建设创新型国家的理论与实践［J］，中共中央党校学报，2008（2）

［54］林松．实践观在马克思主义哲学中的重要地位［J］．黑龙江社会科学，2007（1）．

［55］张晓秦．论信息化时代著作权的演进与法律保护［D］．对外经贸大学，2007年博士论文．

［56］托马斯？柏励．生态纪元［J］．李世雁译．自然辩证法研究，2003（11）．

［57］陈延峰．落实科学发展观推进教育创新实践［J］．创新，2007（2）．

［58］赵春音．当代西方创造力研究的考察［J］．科学学研究，2003（4）．

［59］郝孚逸．劳动与人的关系问题是马克思主义哲学的核心问题［J］．马克思主义理论研究理论月刊，2008（1）．

［60］郭湛．信息与网络时代的主体［J］．上海交通大学学报（哲学社会科学版），2001（2）．

[61] 窦兰峰．浅谈如何发挥人的创造性［J］．上海理工大学学报（社会科学版），2002（6）．

[62] 刘湘溶、曾建平．人类共同利益：生态伦理学必须高扬的旗帜［J］．道德与文明，2000（6）．

[63] 俞可平．科学发展观与生态文明［J］．马克思主义与现实，2005（4）．

[64] 王圣祯．应充分注重“中介”在矛盾关系中的地位和作用［J］．齐齐哈尔大学学报（哲学社会科学版），1999（5）．

[65] 陈纯仁．论实践以人为本的科学发展观的制度安排［J］．理论探讨，2005（1）．

[66] 幸强国．互补是对立统一规律的基本表现形式［J］．四川师范大学学报（哲学社会科学版），1994（2）．

[67] 余秀彬．试论形象思维与抽象思维的协同性［J］．社会科学战线，2008（1）．

[68] 高清海．探索新的哲学思维模式［J］．求是学刊，2005（5）．

[69] 蒋洁霞．科学预测：可持续发展的认识论前提［J］．胜利油田党校学报，2004（4）．

[70] 宋清华．哲学怎样探寻理想世界［J］．辽宁师范大学学报（社会科学版），2008（2）．

[71] 肖鹰．从再现到存在——现代西方创造性艺术观的哲学阐释［J］．中国社会科学，1999（6）．

[72] 李忱、王春和．可持续发展的协同机制研究［J］．中国软科学，2004（3）．

[73] 李靖．保护弱势群体的制度伦理分析［J］．探求，2004（5）．

[74] 郑雪芹．“以人为本”理念下我国行政合理性原则之

反思与重构［J］．法制与社会，2009（6）．

［75］［美］D. J. 特雷芬格王玉秋译，刘武译，创造力研究［J］．国外社会科学，1987（10）．

［76］［美］E. P. Torrance，L. K. Hall：叶仁敏译，钱扑校，创造性潜能评述［J］．心理科学进展，1988（1）．

［77］张晓光．谈谈创造性思维能力的培养与提高［J］．辽宁大学学报（哲学社会科学版），1987（4）．

［78］赵剑英．坚持生产力发展和人的自由而全面发展的辩证统一——论科学发展观的哲学蕴涵［J］．马克思主义研究，2006（4）．

［79］付德军．关于人的需要和人的劳动关系的哲学思考［J］．温州大学学报，2005（6）．

［80］王善超．论马克思《1844年经济学——哲学手稿》中的三种创造说［J］．辽宁大学学报（哲学社会科学版），2001（3）．

［81］梁贵超．知识经济时代行政领导者创新能力的培养与开发［J］．行政论坛，2001（5）．

［82］杨秋宝．加快转变经济发展方式：现实要求与多维视角［J］．中共云南省委党校学报，2008（5）．

［83］汪浩．关于创新规律性的探索［J］．江西社会科学，2002（1）．

［84］张先明．保护智力成果激励自主创新［N］．人民法院报，2012—7—24.

［85］陈若松．论人的创新能力的整合发展机制［J］．湖南社会科学，2005（4）．

［86］侯才．论悟性［J］．哲学研究，2003（1）．

［87］李洪君．再谈悟性［J］．探索与争鸣，2007（6）．

［88］师英杰．创新思维是对习惯性思维的突破［J］．宁夏

党校学报，2009（1）.

[89] 师英杰．对人的创新能力的哲学思考 [J]．晋阳学刊，2009（3）.

## 三、英文资料

[1] W. Ross Ashby. An Introduction to Cybernetics Chapman & Hall Ltd. 1956.

[2] Frank H. Knight. Selected essays by Frank H. Knight, Edited by Ross B. Emmett. Chicago: University of Chicago Press, 1999.

[3] Jonathan. I. Israel. Enlightenment Contested: Philosophy, Modernity, and the Emancipation of Man 1670 – 1752. Oxford, New York: Oxford University Press. 2006.

[4] McCraw, Thomas K., Prophet of Innovation: Joseph Schumpeter and Creative Destruction. Belknap Press. 2007.

[5] David A. Reisman, Schumpeter's Market: Enterprise and Evolution, Edward Elgar Publishing 2004.

[6] Jonathan Hughes, Ecology and Historical Materialism, Cambridge University Press, 2000.

[7] Simonton, D. K. Creativity: Cognitive, Personal, Developmental, and Social Aspects. Amercian Psychologist, 2000.

[8] Joseph · Schumpeter. The Theory of Economic Development, Harward University Press 1951.

[9] Joseph S. Nye, Redeging the Nationd Interest, Foreign Affairs, 1999.

[10] Joseph S. Nye, Soft Power, Foreign Affairs, Fall 1990.

## 四、网　站

人民网：www. people. com. cn
新华网：www. xinhuanet. com
维普资讯网：www. cpvip. com
光明网：www. gmw. cn
中国创新方法网：www. innovationmethod. org. cn
科学网：www. sciencenet. cn

# 后 记

本书的完成以我的博士论文为蓝本，在此基础上仅仅做了小范围的调整和修改。当年博士论文的后记现在读起来仍然是深有感触，所以，我延用了博士论文的后记作为本书的后记，以此纪念学术生涯中非常重要的博士阶段，内容如下：

刚刚开始博士研究生阶段的学习时，就听到老师的教诲：博士论文是一个人学术生涯中极为重要的一笔，需要早做准备。转眼就是三年，现在已是论文完成之际，这最后的结尾却很难画上，因为心中颇有感慨万千的滋味。

三年的时光飞快流逝，看似弹指一挥间，但却沉淀下许多回忆。在中央党校读博的这三年中，许多人的帮助使自己无论是在专业学识上，还是在为人修养上都得到了很大提高。在这里，我首先要感谢我的导师韩庆祥教授，是他严谨的学术风范、扎实的学术功底、极具创新的学术精神与负责的教学态度才使我能够顺利完成这篇博士论文。整个论文的写作过程，从选题到完稿都离不开韩老师的悉心指导。尤其是韩老师严谨治学、循循善诱、宽仁待人、无私助人的高贵品格与人格魅力，无形中深深影响着我，使我受用一生，师恩似海，铭记在心。此外，还要感谢靳凤林教授与段培君教授，他们在开题中提出了许多宝贵的建设性意见，使我受益匪浅。

感谢这三年来我所有的老师和同窗们，无论是在平时的学习还是在这次论文的写作中，他们都给了我许多建议与直接的帮助，现在即将分开，心中确实不舍。

在论文写作过程中，引用和参考了国内外一些专家学者的研究成果，他们的观点使我很受启发，在注释中，虽然已经是尽力标明，但难免有遗漏，在此向他们表示感谢和歉意！

论文虽然已经结稿，但是心中仍然有许多遗憾。由于这篇论文涉及面较广，自己在有限的时间中虽尽力完成但仍有许多不足之处，在今后的日子里，我将继续完善这篇论文，弥补心中遗憾，也恳请专家学者和学界同仁不吝赐教！

师英杰

2013 年 5 月 27 日

于中央民族大学北智楼 509